KB252893

4배속 음독(音讀)

기적의 파워리딩

이 채 완

새미

두뇌가 뇌사상태에 빠져 있다.

UCC가 주도하는 웹2.0시대에 인터넷 통신과 TV방송은 통합에 통합을 거듭하며 거침없이 진화하고 있다. 물리적인 시간은 한정되어 있고 정보는 기하급수적으로 늘어만 간다. 영상과 디지털 기술이 발달함에 따라 인간의 두뇌는 점점 마비되어 가고 수동적으로 변하고 있다.

두뇌가 강해져야 한다. 두뇌근육을 강하게 하고 생각하는 힘을 키우는 방법은 아무래도 고전적인 방법이 제일 좋다고 한다. 일본 효고현 야마구치 초등학교 선생 출신 가게야마 히데요는 두뇌력을 향상하기 위한 방법으로 글쓰기, 간단한 셈하기, 소리내어 읽기(음독)를 강조한다.

소리내어 읽기(음독)는 두뇌력을 강화한다.

소리내어 읽으면 시각, 청각, 그리고 음성 등 3중적으로 두뇌를 자극하게 된다. 책 읽기로 건강한 자극을 많이 받아야 두뇌가 단련된다. 21세기형 소리내어 읽기(음독)법이 바로 <기적의 파워리딩>이다.

<기적의 파워리딩>의 특징은 다음과 같다.

1. <기적의 파워리딩>은 인간의 가능성은 두뇌 속에 다 있기 때문에 책 읽기의 능력을 두뇌 속에서 찾아 현실적으로 활용한다.

2. <기적의 파워리딩>은 거꾸로 독서법이다. 글자를 따라 소리내어

읽는 음성의 속도로 책이나 글을 읽으면 독서속도가 너무 늦다. 생각에 따라 흐르는 눈속도에 따라 음성속도가 따라가야 한다. 그리고 한 글자, 한 단어에 얽매어 점적으로 읽는 방법에서 한 문장 한 문단을 단숨에 읽는 선 또는 면적으로 정보를 빠르고 정확하게 읽는 방법을 제시한다.

3. <기적의 파워리딩>은 한꺼번에 많은 정보를 한 눈에 훑어보는 시야를 열어준다. 우리는 2가지 종류의 시야를 갖고 있다. '보려는 시야'와 '보이는 시야'이다. '보려는 시야(인식시야)'는 좁고 의식을 해야 하기 때문에 쉽게 피곤하게 되지만 '보이는 시야'는 넓고 자연스럽다. 그동안 활용하지 않았던 보이는 시야로 책을 읽어보자!

4. <기적의 파워리딩>은 7단계로 구성되어 있다.

1단계 글을 정확하게 음독한다.

2단계 글을 빠르게 음독한다.

3단계 글을 최강스피드로 음독한다.

4단계 무지개 빛의 흐름을 연습하고 시폭을 확대하는 연습을 한다.

5단계 무지개 빛의 흐름에 따라 빠르게 묵독한다.

6단계 무지개 빛의 흐름에 따라 빠르게 순독한다.

7단계 무지개 빛의 흐름에 따라 빠르게 심독한다.

<기적의 파워리딩>은 두뇌파워를 높여서 두꺼운 책이라도 거침없이 독파하고 'Reader=Leader'가 되는 디지로그 시대를 계속 이어가게 할 것이다.

<빛의 흐름>을 창안한 김영철 원장(브레인리딩), 국학자료원의 정찬용 사장, 그리고 늘 웃으면서 녹음을 도와준 곽세라씨에게 감사의 말을 전하고 싶다.

그리고 아내 김문희와 두 아들 지명, 지우에게 사랑을 전한다.

2007년 5월

이 채 완

책은 생각을, 생각은 사람을, 사람은 세상을 바꾼다!

인터넷 세상, 디지털 문화라고 하지만 거의 모든 정보가 문자로 표현되어 있기 때문에 독서를 포기하거나 책을 멀리 할 수 없다. 하루에 새로운 책이 100권 이상 쏟아져 나오고 대량 정보가 유통되며 속도가 경쟁력인 상황에서 읽기능력은 오히려 향상되어야 하고 독서하는 방법도 달라져야 한다. 아날로그방식이 아니라 디지털방식으로, 음성의 속도가 아니라 빛과 생각의 속도에 따라 빠르고 정확하게 책을 읽어야 한다. 0과 1로 표현되는 디지털 시대는 단순하고 빨라야 한다.

<기적의 파워리딩>은 속도와 효율성을 가미한 독서법이다.

도로사정에 따라 자동차의 속도는 달라진다. 자동차는 자갈길도 지나갈 수 있고 모랫길도 지나갈 수 있다. 자동차는 잘 포장된 도로를 달리거나 고속도로도 달릴 수 있다. 자갈길이나 모랫길에선 속도가 떨어지지만 잘 포장된 도로나 고속도로에서는 속도를 높여서 달릴 수 있다. 자갈길에서 속도를 무리하게 내면 자동차가 상하기 쉽고 고속도로에서 천천히 운전하면 욕먹기 쉽다.

<기적의 파워리딩>은 자신의 능력과 책의 내용에 따라 읽기속도를 조절하는 프로그램이다.

또한 자동차의 최고 속도는 자동차의 엔진성능에 따라 좌우된다. 최고시속 200Km의 엔진을 달고 시속 300Km의 속도를 내려고 한다면 엔진 과열로 자동차가 폭발하거나 공중분해 될 것이다. 최고시속 500Km의 파워엔진을 달고 있는 자동차라면 자갈길에서는 시속 50Km의 속도로, 아우토반 고속도로에서는 시속 500Km의 속도를 낼 수 있다.

기적의 파워리딩은 효율적인 독서를 위하여 평범한 두뇌를 파워엔진으로 바꾸는 프로그램이다.

> ◯ <기적의 파워리딩>은 읽기능력을 떨어뜨리는 잘못된 독서습관 ― 문자를 음성으로 바꾸어 읽는 독서, 한 눈에 6cm이하 밖에 못 보는 짧은 시야의 폭 ― 을 극복하고 생각과 빛의 속도에 따라 빠르고 정확하게 **소리내어 읽는 능력**을 개발하는 프로그램이다.

1년 평균 도서 구입비용   1만원…
1년 평균 머리 손질비용   6만원…

독서의 양극화 현상이 갈수록 더욱 뚜렷해지고 있다. 독서를 즐기는 사람들은 한 달에 30~40권을 읽는다. 심지어는 1년에 천여 권의 책을 읽는 사람도 있다. 책을 안 읽는 사람은 1년이 지나도 전혀 안 읽어도 아무런 생활에 지장이 없다. 그러나 읽기능력(두뇌)은 점점 퇴화되고 있다.

영화 그리고 TV 등 볼거리가 넘치는 영상의 시대이다. 사람들은 점

점 더 책을 멀리 한다. 물론 좋은 영화나 TV프로그램도 있지만 컴퓨터 게임이나 TV시청은 중독성이 있고 생각하는 두뇌기능을 마비시킨다.

사실 TV시청을 5분만해도 책 읽기가 싫어진다. 컴퓨터를 켜고 인터넷에 연결하여 정보의 바다에 빠져들다 보면 책을 읽어야 한다는 필요성이 더욱 희석된다. 책을 읽으려면 시간을 정해놓고 인터넷이나 TV시청을 하거나 아예 TV를 멀리 해야 하는 결단을 내려야한다.

독서는 지식과 정보를 얻게 하고 두뇌를 자극하여 생각하는 힘을 키우기도 한다. 독서는 읽기능력(두뇌력)을 향상시키고 디지털 세계가 제공하지 못하는 풍요로운 내적 세계(정신세계)로 인도 한다.

독일의 과학자로서 노벨상을 수상한 빌헬름 오스트발트는 역사적으로 존경받을 만하고 성공한 사람들의 두 가지 공통점을 지적했다. 먼저 '긍정적인 사고방식 갖고 있는 사람'이고 다음은 '책을 읽는 사람'이었다.

독서는 성공적인 리더를 위한 필수조건이다. 독서는 두뇌를 활성화시키고 생각하는 힘을 키운다. 디지털시대에 정보를 빠르게 찾는 기술이 필요하지만 찾은 정보를 연결하고 체계화하는 기술은 더욱 절실하게 필요한 능력이다.

생각은 필요한 정보를 연결하고 체계화하는 능력이다. 이런 생각하는 힘은 책 읽기를 통해서 키울 수 있다. 책 읽기는 두뇌를 자극하고 가동률을 높이는 최적의 프로그램이다.

독서가 유익하다는 사실은 잘 알지만 그래도 책을 안 읽는 사람들은 보면 그 이유가 나름대로 있다.

직장인을 대상으로 설문 조사를 한 결과에 따르면, 시간이 없어(60%), 인터넷으로 정보를 얻을 수 있어서(15%), 그리고 책값이 비싸서, 게을러서, 필요성을 못 느껴서, 피곤해서… 기타 등의 순서로 나타났다. 책을 안 읽는 이유가 '시간이 없어서'란 말이 압도적으로 많다.

사실 현대인들은 너나없이 다 바쁘다. 세상의 흐름도 빠르고 독서가 아니라도 즐길 수 있는 놀거리도 많아졌다. 그래도 만들어 보겠다고 작심하면 시간이 전혀 없는 것도 아니다.

자투리란 말이 있다. 자투리란 옷이나 천의 남는 부분이다. 그래서 자투리 시간이란 일정과 일정사이 남는 시간이다. 쉽게 말하면 수업과 수업사이의 쉬는 시간 또는 지하철로 명동역에서 충무로역까지 가는데 걸리는 시간이 2분 정도 걸리는데 바로 자투리 시간이다. 지하철에서 기차를 기다리는 시간도 자투리 시간이다. 화장실에서 나 홀로 앉아 있는 시간도 자투리 시간이다. 침상에서 잠자기 전 또는 일어나기 전에 뒤척이는 시간도 자투리 시간이다. 약속시간에 누군가를 기다리는 시간도 자투리 시간이다. 병원이나 약국을 방문해서 순서를 기다리는 시간도 자투리 시간이다. 이런 저런 자투리 시간을 모으면 하루에 한 시간을 충분히 만들 수 있다. 자투리 시간을 효율적으로 활용할 수 있는 순간집중력을 키운다면 자투리 시간이라도 할 수 있는 일이 많다.

요시다 다까요시는 『단1분』이란 책에서 '눈앞에 1분을 제어할 수 없다면 인생 자체도 제어할 수 없다고 주장하면서 1분 동안 할 수 있는 내용을 제시한다. 1분 집중법, 1분 기억법, 1분 휴식법, 1분 독서법 등. 평소에 준비하고 연습만 하면 1분이라도 할 수 있는 프로그램이 얼마든지 있다.

요시다 다까요시는 1분이라도 활용하기 위하여 시간에 관한 의식도 바뀌어야 한다고 주장한다. 10분은 1분이 열개가 모인 것이고 15분은 1분이 15개가 모인 것이다. 모든 시간개념을 1분 단위로 잘게 쪼개어 생각한다. 1분만 집중해도 2분을 집중할 수 있고 5분, 10분, 15분도 집중할 수 있다. 1분만이라도 집중할 수 없기 때문에 10분도 집중할 수 없다고 말한다.

책 읽기(파워리딩)는 자투리 시간을 가장 효과적으로 활용할 수 있는 프로그램이다. 『4배속 음독(音讀) 기적의 파워리딩』은 두뇌의 순간집중력을 높여서 책 읽기에 몰입할 수 있는 능력을 제공한다.

요즘 아침형인간, 저녁형인간, 점심형인간 등 이런 책이 시중에 많이 나와 있다. '아침형인간'이란 저녁에 일찍 잠을 자고 집중도가 높은 아침 일찍 일어나서 활동을 시작하는 사람이다. 즉 일찍 자고 일찍 일어나는 프로그램을 가진 사람이다.

◯ **그렇다면 독서형인간은 어떤 사람일까?**

▷늘 책을 들고 다니면서 언제나 어디서나 책을 읽을 준비가 되어 있는 사람.

▷책 읽기를 즐기는 사람이다.

▷책을 통해 아이디어를 얻고 문제를 해결하는 등 독서가 생활의 중심이다.

▷책을 빠르게 많이 읽는 사람이다.

▷책 읽는 습관이 몸에 밴 사람으로 독서프로그램이 두뇌에 들어 있는 사람이다.

독서형인간이 되는 방법이 두 가지 있다. 어린시절부터 독서습관이 몸에 밴 사람들이다. 독서습관은 자녀가 어린시절에 갖게 하는 것이 좋다. 키가 크는 성장시기가 있듯이 두뇌가 성장하는 시기가 있다. 성장시기가 지나면 더 이상 키가 크지 않듯이 생각의 크기도 두뇌성장기에 결정된다.

두뇌의 성장시기는 키의 성장시기와 비슷한 20대초에 멈춘다. 두뇌의 성장시기에 습관이 형성되고 생각의 크기도 결정된다. 두뇌의 인프라(고속도로)가 형성된다. 두뇌의 성장시기에 만들어진 생각의 크기에 따라 인생의 스케일도 달라진다.

'세살버릇 여든 간다'란 말처럼 어릴 적 습관은 평생 동안 이어진다. 어릴 적에 갖게 되는 독서습관은 부모의 영향력이 아주 크다고 한다. 부모가 책을 읽는다든지 부모가 어린이에게 책을 갖고 놀게 한다든지 부모가 어린이에게 책을 읽어주면 어린이가 책 읽기를 습관으로 가질 수 있는 확률이 아주 높다고 한다. 어릴 적부터 책 읽기를 좋아해서 습관적으로 책 읽는 사람들은 머리 속에 독서 프로그램을 가지고 있다.

책벌레 또는 북 홀릭이란 하루라도 책을 안 읽으면 안 되는 사람을 의미한다. 이런 사람은 오랫동안 책을 읽어왔기 때문에 책도 많이 읽었고 독서속도도 빠르다. 책에 대한 이해도 빠르고 지식에 대한 관심과 호기심이 아주 높다. 책의 핵심도 잘 찾아내고 책도 자기 나름대로 전략적으로 읽는다.

두 번째 독서형인간은 의도적으로 독서프로그램을 두뇌에 입력하여 독서습관을 만드는 사람들이다.

<기적의 파워리딩>프로그램은 자투리 시간에 스스로 연습하여 단기간에 독서형인간이 될 수 있는 길을 제시한다.

독서는 습관이다. 습관은 어릴 적부터 몸에 익히는 것이 좋다고 한다. 하지만 독서습관이 없다면 독서프로그램을 두뇌에 입력하여 습관을 만들어야 한다. 끊임없이 떨어지는 작은 물방울이 바위에 구멍을 뚫듯이 반복적인 생각은 인생을 바꿀 수 있는 막강한 힘이 있다. 반복적인 생각은 습관적인 행동과 고정관념까지 바꿀 수 있는 힘이 있다.

<u>독서프로그램(기적의 파워리딩)을 반복적으로 두뇌에 입력(기억)하면</u> **독서형인간이 될 수 있다.** 책 읽는 프로그램(기적의 파워리딩)을 머

리 속에 입력하게 되면 두뇌의 가동률이 높아지고 생각의 힘이 강해진다. 또한 책을 빠르게 읽을 수 있는 시야의 순간이동능력이 개발되고 책의 내용을 빠르게 이해하는 순간지각능력과 짧은 시간에 생각을 한 곳에 모을 수 있는 순간집중력이 높아지며 정보를 한 번에 많은 입력할 수 있는 시야의 폭까지 확장된다.

우리 아이들을 독서형인간으로 만들고 싶다면 책을 읽으라고 강요하기 전에 부모가 먼저 책을 읽어야 하고 책에 대한 호기심을 유발하는 흥미로운 환경을 만들어야 하며 책을 읽고 싶어 하는 프로그램을 머리 속에 입력해야 한다. 재미와 성취감으로 독서를 즐길 수 있는 습관을 만들어 주어야 한다. 기적의 파워리딩은 빛과 생각의 흐름에 따라 큰 소리로 책을 읽게 한다.

○ **'기적의 파워리딩'은**

▷두뇌에 <흐름>프로그램을 반복해서 입력한다.
▷두뇌의 가동률을 높인다.
▷집중력과 기억력 그리고 독서의 의욕을 높인다.
▷빛의 흐름에 따라 음독하고 내용의 핵심을 파악하게 한다.
▷읽기능력을 개발하게 한다.
▷생각하는 힘을 자라게 한다.
▷독서를 습관으로 만들어 준다.

일년에 한두 권의 책을 겨우 읽던 비독서형인간이 하루아침에 하루에 1, 2권의 책을 읽을 수 있는 비결은 두뇌의 파워를 높이는 <기적의 파워리딩>프로그램을 두뇌에 입력하는 데 있다.

<기적의 파워리딩>은 누구나 혼자서 쉽게 연습할 수 있고 단기간 마스터 할 수 있는 효율적인 독서법이다. 두뇌의 강력한(powerful) 능력을 확신하고 하루에 한권의 책을 읽겠다는 의지와 목표가 뚜렷하면 작은 노력으로 커다란 성과를 거둘 수 있다.

(1) 파워독서

독서란 '책 읽기'로 2가지 요소로 구성되어 있다.
- '책'이란 요소는 저자에 의해 기록된 외적 요소, 지식이나 정보를 의미한다.
- '읽기'란 요소는 내가 읽고 해독하는 내적 능력이다 즉 독서력이다. 독서력은 두뇌의 힘이자 생각의 힘이고 읽기능력이다.

따라서 독서는 책을 통해 새로운 지식이나 정보를 얻고 읽기능력에 따라 생각하는 힘을 자라게 한다.

독서프로그램으로 속독이 있다. 속독이란 개념은 20세기 들어 인쇄기술이 발전하고 지식이 폭발적으로 늘어나면서 책이 홍수처럼 쏟아져 나올 무렵 생겨났다. 같은 시간에 많은 책을 소화하기 위하여 속독의 필요성을 느끼게 되었다.

속독프로그램의 출발은 영국 공군이 실시한 훈련프로그램에서 만들어졌다. 1차 세계대전 당시에는 레이더가 없던 터라 적기인지 아군기 인지를 눈으로 식별을 했다. 1/500초라는 순식간에 비행기를 눈으로 식별하고 판단하는 프로그램이 변형되어 속독프로그램으로 발전하게 된다.

20세기 속독은 안구운동을 통해 개발해 왔다. 안구운동속독법은 눈을 좌우로 빠르게 이동시키는 방법으로 독서능력을 개발한다. 물론 안구운동을 하더라도 결국 두뇌가 개발되기 때문에 독서프로그램이 머리 속에 입력된다. 하지만 훈련 시간이 오래 걸리는 단점이 있다.

20세기가 눈(Eye)의 시대라면 21세기는 두뇌(Brain)의 시대이다. 1990년대 후반기부터 두뇌에 관한 연구 결과들이 봇물 터지듯 쏟아져 나오면서 독서능력을 개발하기 위하여 더 이상 안구운동에 의존하지 않고 두뇌에 관심이 모아진다.

<빠르게 읽고 정확히 이해하기>를 저술한 토니부잔도 읽기능력을 향상시키는 특별한 프로그램은 제시하지는 않았지만 21세기는 브레인 리딩(Brain Reading) 기술이 대두될 것으로 예언을 했다.

새로운 두뇌속독법의 창시자인 김영철 원장은 『4차원두뇌속독법』이란 저서를 통하여 세계 최초로 두뇌를 기반으로 한 독서 프로그램을 개발하여 활발하게 보급하고 있다. 두뇌에 의한 독서기술은 '생각'과 '두뇌영상'으로 연습하기 때문에 연습방법도 간단하고 연습시간도 짧아서 단기간에 읽기능력을 향상시킬 수 있는 장점이 있다.

서울대학교 명예교수인 조창섭 교수는 40년간 독서법을 연구하고 초등학생들을 대상으로 임상 실험한 결과로 저술한 <속독법>이란 책에서 속독을 가로막는 3가지 장애물이 있다고 주장한다.

첫째 1초에 5~6번 눈의 멈춤 현상이 나타난다. 눈(렌즈)이 글자를 보기(촬영하기) 위하여 순간적으로 눈이 멈추었다가 다음 글자로 넘어가는 현상이다. 눈의 고정시간에 한꺼번에 많은 글자(정보)를 눈에 담든지 눈의 고정시간을 확 줄이면 책을 빠르게 읽을 수 있다고 주장한다.

둘째, 인식시야가 너무 좁다.

한번에 보고 지각할 수 있는 시폭이 6cm에 불과하다. 따라서 한번에 많은 글자를 볼 수만 있어도 책을 빨리 읽을 수 있다고 말한다.

　셋째, <u>집중력과 기억력의 문제를 지적한다.</u> 집중력은 한 번에 한가지만 생각하는 힘이다.

　기억력은 정보를 두뇌에 입력하고 입력된 정보를 필요할 때 쉽게 꺼내 쓸 수 있는 능력이다. 이런 집중력과 기억력이 독서력을 좌우한다고 말한다. 조창섭 교수가 지적한 3가지 속독의 장애물을 극복하고 책을 읽는 속도를 높이는 독서기술이 <흐름>과 <아이브레인>프로그램이다.

> ◎　<흐름>과　<아이브레인>프로그램은　눈의　멈춤　현상을 극복하게　하고　시야의　폭을　넓혀준다.　<흐름>연습은　그 자체로　생각의　힘을　키우며　집중력과　기억력을　높인다.　두 뇌의　파워를　높이는　<흐름>연습이　파워리딩의　시작이다.

　속독이란 ‘책을 빠르게 읽는다’라는 의미이지만 무조건 빠르게 읽는다는 의미가 아니라 상황에 따라 속도조절이 가능하며 효율적으로 독서를 한다는 뜻이다.

　자동차 엔진과 우리 두뇌를 비교해보자. 최고속도 200km/h를 달리는 차가 300km/h의 속도를 낼 수 없다. 그러나 400Km/h~500km/h의 속도로 달릴 수 있는 차는 느리게 달릴 수도 있다. 독서능력을 개발한다는 것은 두뇌에 고성능엔진을 다는 것과 같다. 속독이란 책의 수준에 따라 고속과 저속을 오가며 독서속도를 조절하는 것이다.

　‘책 속에 길이 있다’란 말이 있다. 독서속도와 달리는 속도를 비교하면 책과 도로는 비슷한 점이 있다. 고속도로처럼 잘 닦인 길이라면 100Km/h의 속도 이상으로 달릴 수 있지만 자동차가 처음 다니는 길이라든지 자갈길에서는 당연히 속도를 낮추어야 한다. 익숙한 책이라면 빠르게 읽을 수 있지만 낯선 분야의 책을 경우에는 속도를 조금 낮추어서 읽어야 한다. 속도조절은 상황에 따라 필요하다. 그리고 운전해 본 경험을 있는 사람은 잘 알겠지만 40Km/h~50Km/h의 속도로 운전할 때엔 옆 사람과 이야기 할 정도로 여유가 있지만 속도가 100Km/h를 넘으면 긴장이 되고 150Km/h의 속도가 되면 등허리가 오싹해진다. 고속으로 운전할수록 집중력이 높아진다. 책도 빠르게 읽으면 읽을수록 집중력이 높아지고 고도의 정신작용이 나타난다. 읽기능력은 효율적인 독서를 하기 위하여 독서속도를 조절할 수 있는 능력이다.

(2) 파워브레인

두뇌(Brain)는 두 주먹을 합친 크기로 딱딱한 두개골의 보호를 받으면 사람의 행동과 정신을 지배하고 있다. 성인남자의 경우 두뇌의 무게는 1,350g이다. 두뇌는 우리 몸 중에서 가장 바쁘게 일하는 기관이다. 두뇌는 몸무게의 2%에 지나지 않지만 에너지의 20%이상을 소모한다.

두뇌는 1,000억 개의 뇌신경세포로 구성되어 있다. 태어나서 죽을 때까지 세포 수는 거의 변화가 없는 것으로 알려져 있다. 뇌신경세포는 자극을 받을 때마다 세포 자체에서 1,000개에서 1만개까지 가지가 뻗어 나와 서로 연결을 이룬다. 이러한 연결을 시냅스라고 하며 1000조 개까지 연결이 가능하다. 사람에 따라 다르지만 두뇌는 하루에 3만~10만 건의 정보를 처리한다.

폴 맥클린 박사는 우리 두뇌를 3가지 형태로 구분했다. 호흡이나 체온조절 등 기본적인 생명을 유지하는 뇌간(파충류의 뇌)과 행동을 지배하는 감정이 발생하는 번연계(포유동물의 뇌), 그리고 고도의 사고가 발생하는 대뇌피질(사람의 뇌)이다. 특히 주름진 대뇌 피질은 넓게 펼친다면 신문지 한 장(A4용지 4배)의 크기로 두께는 3㎜이다. 피질은 전두엽, 두정엽, 측두엽, 후두엽으로 이루어져 있다. 전두엽은 상상하고 정보를 분석 종합하여 판단을 내린다. 두뇌의 CEO라는 별명도 갖고 있다. 두정엽은 운동과 관련해 감각을 수용하고 활동 명령을 내린다. 측두엽은 기억을 담당하고 소리를 인식한다. 후두엽은 사물을 보고 인식한다.

○ 그래서 두뇌의 기능을 7가지로 정리할 수 있다.

▷호흡이나 심장박동 등 기본적인 생명을 유지하는 생명의 뇌
▷오감을 수용하는 감각의 뇌
▷행동을 명령하는 운동의 뇌
▷정보를 저장하기 위한 기억의 뇌
▷공포와 행복을 담당하는 감정의 뇌
▷인간을 인간답게 만드는 생각의 뇌
▷우주의 진동을 감지하는 영성의 뇌

두뇌는 인간의 모든 활동과 관련되지 않은 것이 없다. '모든 길은 로마로'와 같이 '인간은 두뇌'로 통한다. 걷기나 달리기와 같이 행동(B1), 생각하고 의식적으로 상상하는 것(B2), 젓가락질이나 잠자는 것과 같이 무의식적으로 작용하는 것(B3), 심지어 기도하고 묵상하는 종교생활도 모두 두뇌의 작용이다.

두뇌가 처리하는 수 만 가지의 정보를 매일매일 잊어버리지 않는다면 두뇌의 저장 용량을 훨씬 초과할 것이다. 그래서 두뇌는 기억보다는 망각 위주로 작용한다.

두뇌는 마치 스펀지와 같아서 자극을 받으면 눌려져 있다가 자극이

사라지면 원위치로 돌아온다. 그러나 생존에 필요한 자극이나 반복된 자극은 오랫동안 기억을 한다. 반복기억을 한다는 것은 '두뇌에 흔적이 남는다'라는 뜻이다(두뇌의 가소성). 찰흙 덩어리에 선을 그으면 사라지지 않고 흔적이 남아 있는 것과 같다. 두뇌는 꼭 필요하다고 판단되는 프로그램은 정확하게 기억하고 실제상황에서 자동적으로 작동한다.

두뇌의 힘은 근육과 같이 단련할 수 있다. 글쓰기, 간단한 숫자 계산이나 소래내어 책 읽기가 두뇌력(두뇌근력)을 단련하는데 도움이 된다. 두뇌영상으로 연습하는 〈흐름〉프로그램은 두뇌근력을 단련하게 한다.

(3) 생각의 힘〈B2×B1⇒B3〉

우리가 생각을 바꿀 때마다 두뇌에 분비되는 화학물질이 바뀐다고 한다. 생각은 두뇌를 변화시키는 요인이라고 할 수 있다.

지금 시큼한 오렌지를 생각하면 벌써 입안에 침이 고인다. 오렌지를 입에 대고 씹지 않아도 경험으로 알고 있는 오렌지의 신 맛이 두뇌를 자극하여 생리적인 현상을 일으킨다.

한 가지 예를 더 생각해 보자.

'웃음이 보약이다', '웃으면 복이 온다'고 한다. 웃으면 쾌감 호르몬이라는 엔돌핀이 솔솔 솟아난다. 하다못해 억지로 웃어도 엔돌핀이 나온다. 웃음과 이어지는 좋은 생각이나 행복한 생각이 두뇌를 자극하기 때문이다. 생각에 따라 두뇌의 작동형태가 바뀌고 각각 다르게 기능한다.

두뇌가 반복적으로 자극(=프로그램)을 받으면 두뇌에 저장된다. 저장된 기억이 계속해서 자극을 받아 어느 정도의 수준(임계)에 이르면 보다 강력한 회로망을 형성하여 무의식속에 저장된다. 저장된 기억은 필요할 때 저절로 나타난다. 두뇌를 자극하는 방법은 반복적인 말(기도나 자기

암시), 글쓰기, 상상, 의도적인 생각 그리고 반복하는 자세나 행동이다.

농수선수가 끊임없이 슈팅 연습을 하게 되면 머리 속이 기억이 되고 정확하게 공을 골대에 넣을 수 있게 된다. 군인들이 끈임 없이 반복훈련을 하는 이유도 유사시 취하여야 할 행동요령을 두뇌 속에 입력하는 과정이다.

> ○ '두뇌의 원리를 이용한 입력공식'은
>
> 브레인1(B1)=생리적인 뇌
> 브레인2(B2)=생각=의식
> 브레인3(B3)=무의식=자동화=습관=저절로 라고 할 때
>
> $$B2 \times B1 \Rightarrow B3$$

이 공식을 해석하면 **생리적인 두뇌에 프로그램을 반복해서 기억하게 하면 무의식속에 입력되고 습관이 된다.**

연극이나 영화에 출연하는 연기자들이 어려워하는 연기 중에 하나가 슬퍼 우는 눈물연기라고 한다. 눈물 연기를 위하여 안약을 눈에 넣기도 하지만 베테랑 배우들은 눈에 안약을 넣지 않고도 눈물연기를 소화한다. 그 비결은 연기자가 자신의 슬픈 추억을 떠올리며 슬픈 생각을 하게 되면 두뇌의 화학물질이 바뀌면서 눈물샘을 자극하여 눈물을 흘리며 눈물연기를 훌륭하게 소화한다. 생각(슬픈 생각)은 생리적인 두뇌를 자극하여 현실(눈물)로 이어질 수 있다는 충분한 예가 된다.

'두뇌에 프로그램을 입력하다'는 말이 생소하지만 '기억한다'라는 말로 대체해서 설명하면 쉽게 이해 할 수 있다. 기억이란 정보를 두뇌에

입력하여 필요할 때 회상하는 것을 의미한다. 기억의 종류는 단어나 수학공식을 외우는 지식기억, 여행을 다니면서 체험하는 경험기억, 자전거를 타게 되는 것과 같이 반복해서 몸으로 익히는 방법기억이 있다.

독서형인간이 되기 위하여 <빛의 흐름>프로그램을 생리적인 두뇌에 반복해서 입력하면 무의식속에 저장 되고 책을 읽을 때 저절로 반응한다. <빛의 흐름>을 두뇌에 입력하면 생각의 속도로 빠르게 책을 읽을 수 있다.

○ 좋은 프로그램을 반복해서 두뇌 속에 꼭! 꼭! 기억한다면 그 프로그램은 인생을 성공으로 이끄는 좋은 습관이 된다.
반복적인 생각(프로그램)은 두뇌를 변화시키고 운명까지도 바꿀 수 있는 놀라운 힘이 있다.

기적의 파워리딩, 〈흐름〉 마스터하기

『4배속 음독(音讀) 기적의 파워리딩』의 핵심은 <흐름>과 <아이브레인> 그리고 <음독>이다. <기적의 파워리딩>을 마스터하기란 새로운 독서습관(프로그램)을 두뇌에 입력하는 과정이다.

〈파워리딩에〉에 익숙하기 위한 7단계의 과정

▷1단계 책을 정확하게 음독한다.(특히 모음을 정확하게 발음한다)
        시냇물 흐름의 속도
▷2단계 책을 빠르게 음독한다. 자동차 흐름의 속도
▷3단계 책을 최강스피드로 음독한다. 비행기 흐름의 속도
▷4단계 '흐름'과 '아이브레인'을 익힌다. 상상의 시계를 통과하는 빛의 속도
▷5단계 흐름으로 묵독한다. (이해도=0, 속도=최강)
▷6단계 흐름으로 순독한다. (생각의 속도에 입술의 속도를 맞춘다)
▷7단계 흐름으로 심독한다. (이해도를 위주로 한 마음의 속도)

잘못된 독서습관은 조심스럽게 관찰하여 보면,

- 책을 읽는 속도가 음성의 속도로 제한되어 있다.
- 책을 한 글자 한 글자 끊어 읽는다.
- 책을 보는 시야의 폭이 너무 좁다.
- 책을 읽을 때 집중이 잘 안되고 책을 읽어도 기억이 잘 안 난다.

이런 이유로 책을 읽는 속도가 느리고 이해도도 낮다. 이런 비효율적인 독서를 극복하기 위하여 흐름을 연습해야 한다. <흐름>은 점적으로 한 글자 한 글자 읽던 독서를 선으로 죽 읽는 독서로 바꾸어 주고 <흐름>은 시야의 폭을 확장하여 띄엄띄엄 보던 글자를 한눈에 많은 글자를 보게 한다. 또 흐름에 음독을 더하면 집중력을 높여서 독서에 몰입하게 하고 기억력을 증가 시킨다.

『4배속 음독(音讀) 기적의 파워리딩』은 <흐름>으로 시작해서 <흐름>으로 끝난다. <흐름>은 간단히 말해서 '연속적으로 흘러간다'는 의미이다. 시냇물이 흘러 갈 때 그 '흐름'이다. 또 구름이 흘러간다고 한다. <흐름>은 지나가는 것이다. 고속도로 위를 자동차가 빠르게 지나간다. 고속열차 철로 위를 300킬로미터 이상으로 빠르게 지나간다. 아니면 총알이 빠르게 지나간다. 번개로 번쩍하면서 빛이 빠르게 흘러간다. 이런 모든 것들이 <흐름>이다.

> ○ 〈기적의 파워리딩〉을 위한 '흐름'의 특징
>
> 1. 왼쪽에서 오른쪽으로 연속적으로 흐른다.
> 2. 한 번 지나가면 돌아오지 않는다.
> 3. 흐름의 실제를 눈으로 보는 것이 아니라 머리 속에서 흐름을 상상해야 한다. 빛이 왼쪽에서 오른쪽으로 지나가는 것을 눈으로 볼 수는 없지만 볼 수 있다고 상상할 수는 있다. 그래서 생각의 속도는 흐름의 속도가 된다.
> 4. 그리고 가장 빠르게 지나가는 것(흐름)을 상상할수록 두뇌가 자극을 강하게 받는다. 지금까지 알려진 가장 빠른 흐름은 빛의 흐름이다.

그래도 흐름을 잘 모르겠으면 샤워기를 한 번 생각해보자. **우리 주변에서 가장 쉽게 흐름을 느낄 수 있는 방법이 목욕할 때 느끼는 샤워기의 물줄기이다.** 샤워기를 왼손에 들고 오른쪽을 향하게 한다. 그리고 물줄기가 빠르게 지나가는 모습을 눈으로 직접 보라. 여러분이 가지고 있는 풍부한 상상력을 이용하여 샤워기 물줄기 중 3줄기의 흐름을 상상해야 한다. 물의 흐름은 스틸 사진이 아니라 동영상으로 생생하게 느껴야 한다.

물의 흐름을 상상할 때 효과적으로 두뇌를 자극하려면

구체적으로 상상해야 한다(물의 흐름을 머리로 생생하게 느껴야 한다).

연속적으로 상상해야 한다(왼쪽에서 오른쪽으로 끊임없이 흘러간다).

집중적으로 상상해야 한다(집중이란 한 번에 한 가지 생각만 하는 것이다).

처음에는 물의 흐름이 머리에 잘 떠오르지도 않지만 물줄기가 지나가는 것을 의식적으로 또는 지속적으로 상상하다 보면 어느 순간부터 그 물줄기가 또렷하게 보이며 흐름이 저절로 흐르는 것이 생생하게 느껴지는 때가 있다. 사람마다 차이가 있지만 1분단위로 계산해서 600~1000

번 정도 집중적으로 연속적으로 그리고 구체적으로 연습하면 <빛의 흐름>을 마스터 할 수 있다.

> ○ 생각만 바꾸어도 흐름을 쉽게 마스터 할 수 있다.
> 감각적인 눈을 벗고 상상의 날개를 마음껏 펼쳐보라.

저절로 흘러가는 빛의 흐름을 마스터 하면 이제 『4배속 음독(音讀) 기적의 파워리딩』의 문에 들어 선 것이다.

1. 조용한 곳에서 눈을 감고 심호흡을 3번 정도하고 마음을 가라앉힌다.

2. 눈을 감고 상상의 시계를 머리 속에 그려본다.
   상상의 시계를 바로 눈앞에 두거나 좋고 머리 중간에 놓아도 좋다.
   가능하면 머리 속에 가득 채운 아날로그시계를 상상해야 한다.

   상상의 시계를 마음속에 크게 자리 잡게 하려면
   12라는 숫자는 상상의 맨 꼭대기에
   3이란숫자는 상상의 오른쪽 가장자리에
   6이란 숫자는 상상의 맨 아래에
   9라는 숫자는 상상의 왼쪽 가장자리에 위치하도록 한다.
   상상으로 시계의 숫자도 보고 초침이 돌아가는 것을 상상한다.

3. 세 줄의 흐름을 연습해보자.
   상상의 시계를 상상하고
   10시부터 2시를 잇는 직선을 왼쪽에서 오른쪽으로 죽 긋는다.
   처음에 상상으로 잘 그려지지 않으면 손을 사용하여 그려본다.
   이어서 9시부터 3시를 잇는 선을 죽 긋는다.
   계속해서 8시부터 4시까지 잇는 직선을 죽 긋는다.
   이렇게 해서 3줄이 만들어진다.
   직선은 두 점 사이를 무한이 지나가는 선이다.
   (선분온 점과 짐 사이의 서리다.)
   처음에는 손으로 직선을 7번 정도 그어본다.

4. 자, 이번에는 계속해서 눈을 감은 상태에서 눈동자는 움직이지 말고
   상상으로 3줄기를 그려본다. 직선방향은 왼쪽에서 오른 쪽으로만 선
   을 긋는 상상을 한다.

10시부터 2시 방향으로 지나간 직선을 상상하였다면

9시부터 3시 방향의 선을 긋기 위하여 눈을 오른쪽에서 왼쪽으로 이동할 필요가 없다. 왜냐하면 감각의 눈이 아니라 마음의 눈으로 보기 때문이다. 그래서 눈동자도 움직일 필요가 없다.

"3줄이 또렷하고 빠르게!" 라는 암시의 말도 잊지 말자.

5. 같은 방식으로 5줄의 흐름도 연습할 수 있다.

    11시에서 1시 방향의 직선을 긋고

    10시에서 2시 방향으로

    9시에서 3시 방향으로

    8시에서 4시 방향으로

    7시에서 5시 방향으로

    처음에는 한 줄씩 차례로 긋다가 5줄이 다 그어지면 5줄을 동시에 상상해야 한다.

선풍기도 정지되어 있거나 천천히 돌때 날개가 다 보이지만 고속으로 돌 때 마치 원으로 보이는 것과 같다. 감각적으로 천천히 직선이 그어질 때 선이 다 보이지만 빛의 속도로 직선이 그어지면 마치 5개의 줄이 한꺼번에 지나가는 듯이 보인다.

이런 흐름연습은 시간이 있을 때마다 자투리 시간에 틈틈이 하자. 흐름을 연습하다보면 집중력이 높아지고 글자를 한 글자 한 글자 보는 습관을 극복하며 한 눈에 많은 글자를 보게 되는 능력이 개발된다. 물론 빠르게 독서하는 습관도 만들어진다.

6. 7줄의 흐름을 연습해보자.

    눈을 감고 상상의 시계를 만들고

    12시를 지나가는 직선을 긋고

11시에서 1시 방향으로
10시에서 2시 방향으로
9시에서 3시 방향으로
8시에서 4시 방향으로
7시에서 5시 방향으로
6시를 지나가는 직선을 긋는다.
처음에는 한 줄씩 차례로 긋다가
7줄이 다 그어지면 7줄을 동시에 상상해야 한다.

7. 이번에는 7줄을 무지개의 빛으로 대체하자.
   12시를 지나가는 직선은 빨간색 빛으로
   11시에서 1시 방향의 직선은 주황색 빛으로
   10시에서 2시 방향의 직선은 노란색 빛으로
   9시에서 3시 방향의 직선은 초록색 빛으로
   8시에서 4시 방향의 직선은 파란색 빛으로
   7시에서 5시 방향의 직선은 남색 빛으로
   6시를 지나가는 직선은 보라색 빛으로 바꾼다.
   빛의 속도로 빠르게 지나가는 흐름을 상상하고
   빨 주 노 초 파 남 보! 레인보우! 끊임없이 중얼거린다.

8. 가능하면 흐름의 줄기를 크게 그려보고
   무한에서 와서 끝없이 흘러간다고 상상한다.

9. 흐름의 상상이 잘 안 되거나 보이지 않으면 직접 목욕탕에 가서 샤
   워기의 물줄기를 직접 보고 다시 눈을 감고 흐름을 상상한다.

10. 구체적으로, 연속적으로, 집중적으로 상상하여 저절로 흘러가는 물
    줄기를 느껴 본다.

상상의 힘/시각화, 영상화

열 마디의 말보다 한 번 보는 것이 훨씬 효과적이다.

코끼리의 모습에 대해 이런 저런 설명을 하는 것 보다 코끼리 그림을 한 장 보여주면 전달력이 뛰어나다는 의미다. 그래서 영상자료를 이용한 시각교육은 학생들에게 탁월한 효과가 있는 것으로 알려져 있다.

영상은 사람이 눈으로 보는 감각기관과 관련이 있다.

사람이 물체를 어떻게 보게 되는지 그 과정을 보면, 먼저 빛에 실린 물체의 상이 망막에 맺히고 그 정보를 시신경이 입수한다(그러나 아직 보이는 것을 느끼지 못함). 시신경이 입수한 정보가 두뇌의 시각기관(후두엽)에 전달되면 비로소 "보인다!"라고 말할 수 있다.

그런데 어떤 물체가 "보인다!"라고 말할 수 있는 경우는 눈으로 보고 그 실체를 두뇌가 인식할 때 뿐 아니라 눈을 감고 어떤 물체를 상상할 때(상상으로 처리)에도 포함된다. 눈을 감고 상상만 해도 두뇌가 똑같이 작동한다는 사실이 컴퓨터 두뇌영상촬영의 결과로 밝혀졌기 때문이다. 이때 상상으로 두뇌영상을 작동시킬 때에는 내용이 구체적이거나 냄새나 색깔 또는 소리와 같은 감각적인 내용을 포함할수록 효과적이라고 한다.

○ 생각 또는 의식이 <기적의 파워리딩>을 위해 마련된 프로그램영상(흐름)을 상상하도록 두뇌에 명령을 내리면 두뇌가 영상을 작동시키면서 눈과 뇌는 가장 효과적인 독서형태로 저절로 움직이게 된다.
<기적의 파워리딩>은 상상이라는 두뇌영상기법으로 연습하고 책을 직접 읽는 적응훈련을 반복하면서 완성된다.

여기서 자기암시라는 '말의 힘'은 두뇌를 움직이고 행동까지 변화시키는 영향력을 가지고 있다. 그래서 두뇌영상기법과 함께 자기암시라는 말의 명령을 더하면 시각과 청각이라는 이중적인 자극을 두뇌에 주게 된다. '기적의 파워리딩'을 연습할 때에는 반듯이 두뇌영상과 함께 자기 암시(중얼거림)를 함께 해주어야 한다.

흐름을 마스터 할 때 흐름이란 무엇인지를 깨닫는 것이 가장 중요하다. 흐름이 무엇인지 아는 것이 아니라 두뇌가 느껴야 하기 때문이다.

축구를 보는 것과 직접해보는 것이 다르듯이 아는 것과 두뇌로 깨닫는 차이가 상당히 크다.

<파워리딩>의 가장 핵심이 되는 <흐름>도 처음에는 의식적으로 노력을 해야 하지만 연습을 거듭하다보면 어느 순간 자동적(무의식)으로 흐름을 느낄 수 있다.

흐름을 마스터하는 것은 마치 자전거를 처음 배우는 것과 같다. 자전거를 처음으로 배울 때 균형 잡기도 힘들지만 넘어지고 또 넘어지다 보면 두뇌는 정밀하게 힘의 강도와 방향을 계산하게 되고 어느 순간 혼자서 자전거를 타게 된다.

마찬가지로 흐름을 연습하다보면 막연하고 추상적인 것 같지만 연습을 거듭하다 보면 어느 순간(티핑포인트) 두뇌에 저장되면서 저절로 흐름영상을 조절할 수 있게 된다. 두발자전거를 처음으로 혼자 탈 수 있듯이 흐름영상이 저절로 흘러갈 때 <파워리딩>은 시작된다.

기적의 파워리딩, 〈흐름〉으로 책 읽기

빛의 흐름에 익숙해지면 빛의 흐름을 이용하여 책을 읽어야 한다.

◯ **파워리딩, 흐름으로 책을 읽기 위한 준비물**

- 독서대(책을 읽을 때 눈의 피로를 덜고 빠르게 읽을 수 있음)
- 스피드(책장을 빠르게 넘길 때 사용하는 연고)
- 초시계(디스카운트 기능이 있는 초시계로 준비)
- 읽고 싶은 책(200쪽 분량의 반복해서 읽을 만한 재미있는 책이나 잡지)

상상은 자유니까 우리 마음대로 생각할 수 있다. 이런 상상은 어떨까? "300쪽의 두꺼운 책을 한시간만에 소리내어 읽을 수 있다면 얼마나 좋을까?"

이런 상상은 결코 꿈이 아니다. 현실적으로 가능한 일이다. <기적의 파워리딩>은 여러분의 상상을 현실로 만들어 준다.

300쪽이나 되는 책을 한 시간 안에 읽을 수 있는 비밀은 바로 여러분의 두뇌에 있다. 두뇌는 1000억 개의 신경세포로 구성되어 있고 서로 연결하면 1000조개까지 가능하다고 하니까 두뇌의 가능성은 무한하다.

<기적의 파워리딩>은 두뇌에 자극을 주어서 두뇌의 가능성을 개발하고 생각의 힘을 키운다. 생각의 힘은 뇌신경세포가 서로 활발하게 연결되고 산소와 영양분이 풍부하게 공급되는 상태에서 극대화될 수 있다.

<u>무지개 빛의 흐름을 두뇌영상으로 집중적으로 연습하는 것은 바로 두뇌를 자극하여 독서프로그램을 두뇌 속에 기억하는 과정이다.</u> 흐름으로 책을 읽는 것은 마치 젓가락을 사용하는 방법을 배워서 물건을 집는 것과 같다고 할 수 있다. 젓가락질이 처음에는 서투르지만 자꾸 사용하다보면 손가락에 힘이 생기고 정교해져서 작은 콩도 쉽게 집을 수가 있다.

젓가락을 처음으로 사용하기 시작할 땐 젓가락 프로그램이 두뇌 속에 없다. 젓가락질을 계속하다 보면 젓가락질 프로그램이 두뇌 속에 저장되면서 물건을 집을 때 자연스럽게 젓가락 프로그램이 작동하게 된다(B2 × B1⇒B3).

마찬가지로 <기적의 파워리딩>에서 흐름으로 책을 읽기 위하여 독서프로그램인 <빛의 흐름>을 반복해서 연습하여 두뇌에 기억시키면 저절로 작동하여 책을 읽게 된다. 두뇌가 흐름에 익숙해져야 한다. 그래야 두뇌의 힘이 생기고 빠르고 정확하게 책을 읽게 된다.

<빛의 흐름>으로 책을 읽기 위하여 충분한 연습으로 <빛의 흐름>이 자동적으로 두뇌에 떠오르면 좋지만 비록 <빛의 흐름>이 눈에 보이지 않아도 의도적으로 상상만 해도 이미 독서를 위한 <흐름>프로그램이 두뇌 속에서 작동하고 있다.

시큼한 레몬을 상상하면 입안에 침이 고인다. 상상만으로 생리적인

두뇌가 작동하여 침샘을 자극하게 되고 결국 입안에 침이 고이게 된다. 우리가 생각만 해도 두뇌가 작동한다는 사실이 분명하다(B2×B1⇒B3). 우리가 <흐름>만 생각해도 우리 두뇌는 독서모드로 전환되어 있는데 이런 사실을 확실하게 받아들인다면 흐름을 확실하게 작동 시킬 수 있다.

이런 확신은 우리 두뇌의 가동률을 높이는 큰 힘이 된다. 흐름으로 책 읽는 원리를 설명하다 보니 글이 길어졌다. <흐름>으로 책을 읽는 방법을 간단히 설명하면 빛의 흐름 한 줄(광선)이 글 한 줄이 된다.

빛의 광선 위에 글자를 올려놓고 빠르게 읽어 내려간다. 그리고 시간제한을 한다. 즉 책 한 장에 0.5초~2초의 시간을 주고 시간만 되면 무조건 책장을 넘겨야 한다. 그러면 순간적으로 책장을 훑어보는 능력이 개발된다(훈련 속도는 0.5초, 1초, 1.5초, 2초이다).

(1) <빛의 흐름>으로 책 읽기

기본적인 준비가 끝났으면 연습에 들어가자!

1. 먼저 심호흡을 3번 한다(몸을 이완시키고 마음을 안정시킨다).

2. 평안한 자세로 눈을 감고 상상의 시계를 떠올린다. (생각의 시계의 크기는 가능하면 최대의 크기로 상상한다.)

3. 7줄기의 물의 흐름을 상상한다.
    왼쪽에서 오른쪽으로 빠르게 지나가는 물 7줄기
    상상의 시계에서
        12시를 지나가는 물줄기
        11시에서 1시 방향으로

10시에서 2시 방향으로

9시에서 3시 방향으로

8시에서 4시 방향으로

7시에서 5시 방향으로

6시를 지나가는 물줄기

"7줄기가 빠르고 또렷하게!"라는 암시의 말도 잊지 말자!

※ 흐름의 속도를 높이기 위하여 <u>오른쪽에서</u> 빨대로 물줄기를 빤 다고 상상하자!

4. 이번에는 물줄기를 빛으로 바꾸어 무지개의 빛을 상상한다.

(생각은 자유니까 내 맘대로 상상할 수 있다.)

7줄기 무지개 빛의 흐름을 가볍게 상상한다. 상상의 시계 왼쪽 무한에서 오른쪽 무한으로 빠르게 지나가는 빛이다.

12시를 지나가는 직선은 빨간빛으로

11시에서 1시 방향의 직선은 주황색 빛으로

10시에서 2시 방향의 직선은 노란색 빛으로

9시에서 3시 방향의 직선은 초록색 빛으로

8시에서 4시 방향의 직선은 파란색 빛으로

7시에서 5시 방향의 직선은 남색 빛으로

6시를 지나가는 직선은 보라색 빛으로 바꾼다.

동시에 암시의 말로 두뇌에 명령을 내린다.

빨·주·노·초·파·남·보 레인보우!(7줄기 처음과 끝의 숫자를 정확히 본다.)

5. 눈을 감고 7줄기 무지개 빛의 흐름을 1분 동안 상상한다.

암시의 말: 빨·주·노·초·파·남·보!(알람은 0.5초~2초 사이로 조정)

6. 무지개 빛의 흐름이 또렷하게 보이지 않으면 흐름동영상이나 책
   의 그림을 살짝 보면서 또는 본 후에 눈을 감고 상상으로 연습한
   다. 여러분의 상상(생각)의 속도가 독서속도가 된다.

7. 책의 장(2쪽)=상상의 시계를 적용한다.
   '빨·주·노·초·파·남·보'라는 무지개 빛의 영역을 상상으로 나눈다.

8. 무지개 빛의 흐름을 상상하며 활성화된 두뇌로 역동적인 무지개
   빛의 흐름을 강렬하게 느끼면서 준비한 책이나 잡지를 빠르게 읽
   어 내려간다. 이때 책이나 잡지의 내용을 이해하려는 생각을 하지
   말고(이해도=0)오직 빛의 속도만 생각하고 빠르게 글줄을 읽어
   내려간다(속도=최대). 초시계의 알람은 0.5초에 맞추어 놓는다.

0.5초에 알람이 울리면 무조건 책장을 넘긴다.
준비한 책을 처음부터 끝까지 죽 훑어본다.(100쪽만!)
다시 한번 강조하지만 책을 읽거나 이해하려 하지 말아야 한다(이
해도=0). 오직 빠르게 흘러가는 무지개 빛의 흐름에만 신경을 써
야 한다(속도=최대).

200쪽이 넘은 분량의 책이라도 100쪽까지만 표시를 해놓고 100쪽
까지만 <빛의 흐름>을 적용하는 연습을 한다. 읽어야 될 분량이
너무 많으면 아무리 연습이라고 해도 지루하고 싫증난다.
만약 책의 내용을 읽게 되면 속도에 방해가 되기 때문에 책을 거

꾸로 들고 연습해도 좋다(이해도=0).

무지개 빛의 흐름으로 책이나 글 읽기에 적용하는 연습을 할 때
내용을 파악해야 한다는 생각을 완전히 무시해야 한다.
<내용파악=0> <빛의 속도=최대>

9. 눈은 크게 뜨고 한번에 많은 정보(=글자)를 보기 위해 노력해야
   한다. 그래서 빛의 속도로 좌에서 우로 흘러가는 흐름이나 위에
   서 아래로 글줄을 읽어 내려가는 흐름에 따라 유연하게 시야의
   방향만 적절하게 잡아주면 된다.

   매 장을 0.5초 속도로 100쪽을 읽는데 걸리는 시간이 25초이다.
   100쪽을 다 읽어도 초시계의 알람에 따라 눈을 감고 흐름을 상상
   한다.(2~3초 정도 여운을 갖는다.)

   이번에는 초시계의 알람을 1초마다 울리게 조정하고 책을 빠르게
   읽는 연습을 한다. 1초마다 알람이 울리면 무조건 책장을 넘겨야
   한다. 책장을 넘길 때 일정한 속도를 유지해야 한다.

   글자 사이로 지나가는 다이나믹한 <무지개 빛의 흐름>을 또렷하
   게 상상하여야 한다. 매 장을 1초 속도로 100쪽을 읽는 시간은
   50초가 소요된다. 100쪽을 다 읽어도 그대로 눈을 감고 흐름을
   상상하며 10초간 흐름을 상상한다.
   이렇게 매장(2쪽)마다 0.5초나 1초 속도로 반복 연습을 한다(3번씩).
   준비된 책이 너덜너덜 해질수록 독서력이 개발되고 있다는 확실

한 증거가 된다. 이와 같이 <무지개 빛의 흐름>을 상상하고 <무지개 빛의 흐름>을 책이나 글에 적용하는 연습을 적어도 1주일을 하게 되면 두뇌나 눈이 '빛의 흐름으로 읽기'에 익숙해지고 독서할 때 저절로 반응하게 된다.

그럼 이번에는 100쪽의 책을 매 장 5초의 속도로 알람을 조정해서 독서를 한다. 알람이 울릴 때 무조건 다음으로 책장을 넘겨야 한다.

매 쪽을 0.5초나 1초의 속도로 책장을 넘길 때와 비교하여 보라. 시간이 많이 남고 여유가 생긴다. **시간은 상대적이다.** 매 장을 5초의 속도로 읽으면 250초(4분 10초)이다. 5분이 채 안 걸린다.

빛의 흐름으로 책을 읽는 연습을 하다 보면 **'시간은 상대적이다'** 라는 사실을 피부로 느낄 수 있다. 흐름으로 책 읽기는 연습이 단순하고 지루할지라도 분명한 목표를 세우고 의지를 가지고 1주일만 꾸준히 노력하면 빛의 속도로 책을 빠르게 읽을 수 있는 <파워리딩>의 능력이 개발된다.

'모든 책장을 무지개 빛으로 물들이자!'

한 가지 더!

다이나믹한 무지개 빛의 흐름으로 책을 읽을 때 글자와 글자 사이로 지나가는 빛의 흐름을 또렷이 보고 느껴야 글자가 또렷하게 보이고 빠른 속도감도 느끼게 된다.

상상의 시계에서 <빛의 흐름>이 지나가는 처음과 끝의 숫자를 또렷하게 보면서 연습을 해야 책을 읽을 때 글자를 하나하나 꼼꼼하게 읽을 수 있다. 무지개 빛의 흐름을 연습할 때 확실하게 해야 한다.

빛의 흐름을 두뇌영상으로 연습할 때, 동시에 실행해야 하는 암시의 말도 잊지 말아야 한다.

"빨·주·노·초·파·남·보! 레인보우!"

그리고 무지개 빛의 흐름으로 책을 읽을 때에는

"무지개 빛의 흐름을 쭉쭉 빨자!"

"빨·주·노·초·파·남·보! 쭉쭉 빨자!"

(빨대로 물을 빨아 먹듯이 <빛의 흐름>을 빨아 당긴다)

※ <빛의 흐름>으로 책을 읽을 때 꼭 기억해야 할 사항

— 속도에 적응을 해야 한다

— 이해도보다 속도에 더 관심을 두어야 하다

— 내용이 이해 안 된다고 연습속도를 늦추면 독서능력이 발전하지 못한다. 독서속도에 점차 익숙해지면 이해수준도 증가한다. 속도는 될 수 있으면 최고속도를 내자 여러분의 상상속도가 바로 독서속도가 된다.

— 집중과 이완을 적절히 조절을 해야 한다. <파워리딩>을 하는 중에 집중력이 뛰어나면 글자가 더욱 또렷하게 잘 보인다. <기적의 파워리딩>을 연습하는 기간 중에는 고도의 집중력을 필요로 하기 때문에 에너지 소비량도 많다. 따라서 10~15분 정도 연습을 하다가 집중력이 떨어지면 1분간 휴식하며 호흡묵상으로 이완을 실시한다. 집중과 이완을 적절하게 조절을 하는 것이 좋다.

— 같은 책을 반복해서 연습할 수 있는 책이 있어야 한다. 100번, 1000번을 읽어도 또 읽고 싶은 똑같은 책을 가지고 연습하라. 200쪽 이상 넘지 않고 구어체 위주로 된 책이면 좋다. 같은 책을

반복해서 연습을 하면 자신의 독서수준이 어떻게 변하는지 비교할 수 있어서 훨씬 효과적이다.

- 연습을 기록하는 노트를 마련하여 날마다 연습내용을 점검하고 기록하여 둔다.

○ 빛의 흐름으로 책을 읽을 때 적용하는 프로그램은, 〈한 순차 정 연 제!〉이다.

/김영철의 『4차원 두뇌속독법』 중에서 인용

1. 한 줄씩 읽고(글을 두 줄씩 읽을 수 없다)
2. 흐름을 순차적으로 읽고(한 줄 흐름이 끝나는 동시에 두 번째 흐름도 끝나가야 한다)
3. 정밀하게 읽고(글자를 대충 읽는 것이 아니라 처음부터 끝까지 정확하게 읽어야 한다)
4. 연속적으로 읽고(글줄을 바꾸어 가면서 계속해서 읽어야 한다)
5. 저절로 읽는다(흐름이 자연스럽게 글자 정보를 담고 자동적으로 흘러가야한다).

(2) 연습할 때 상상력을 총동원하라.

『4배속 음독(音讀) 기적의 파워리딩』은 상상으로 두뇌를 자극하여 독서력을 증가시키는 독서프로그램이다. 빛줄기 한줄기마다 상상의 빨대를 꽂아 강력하게 빤다고 생각하면 흐름이 더욱 빨라지고 집중력도 증가한다.

(3) 인식 시야를 확장하고 주변 시야를 개발하라!

책을 읽을 때, 책 속의 글자와 더불어 책 주변의 책상이나 연필 이런 것들도 동시에 볼 수 있다. 눈으로 인식할 수 있는 시야는 책에 눈의 초점을 모아 의식적으로 보는 시야(인식 시야)와 책의 주변이 보이는 시야(주변 시야)로 구성되어 있다.

인식 시야는 눈의 초점이 모이는 곳으로, 부분적인 인식이 가능하며 글이나 책을 읽을 때 활용되는 시야이다. 또 전체 시야에서 10%미만을 차지한다. 조창섭의 『속독법』에 따르면 인식시야는 시점을 중심으로 6cm에 불과한 것으로 알려져 있다. 반면에 주변 시야는 시야의 80%이상을 차지하며 전체적인 인식이 가능하다. 그림이나 경치를 볼 때 활용되는 시야이다.

『4배속 음독(音讀) 기적의 파워리딩』은 책이나 글을 빠르고 정확하게 읽기 위해 인식시야(보려는 눈)의 범위를 확장하고 주변시야(보이는 눈)로 또렷하게 보는 능력을 개발해야 한다.

『4배속 음독(音讀) 기적의 파워리딩』은 책이나 글을 빠르고 정확하게 읽기 위하여 전체적으로 보는 주변시야를 개발하는 연습을 한다. 주변 시야를 개발하기 위하여 한 손바닥을 쫙 펼쳐서 눈에서 30cm 떨어진 위치에 둔다. 쫙 펼쳐진 손가락 사이를 보면 손가락이 흐릿하게 여러 개로 보인다. 하루에 5분 정도 손가락 사이를 보며(손가락에 눈의 초점이 맞으면 안 된다) 손가락을 의식하는 훈련을 하면 주변시야가 개발된다. (연습 중에 손바닥을 보면 손바닥은 또렷하게 보인다)

한 가지 더, 길거리에서 옆으로 지나가는 사람을 쳐다보지 않고 정면 응시하며 주변시야로 지나가는 사람의 인상이나 옷차림새를 파악해본다.

시폭의 확장은 흐름연습으로 충분히 개발될 수 있으며 자투리시간이나 책을 읽다가 쉴 때 틈틈이 연습하면 도움이 된다. 글줄을 2~3번 나누어 보던 내용을 한 번에 읽을 수 있다면 그만큼 독서속도도 빨라진다.

특히 '보이는 시각'으로 책 전체를 한꺼번에 보는 방법을 터득해야 한다.

집중하자! 아이브레인(eyebrain)

<u>독서의 목적은 책의 내용파악이다.</u> 아무리 책을 빨리 읽어도 내용을 모르면 소용이 없다. 책의 내용을 파악하는 정도는 개인적인 능력(집중력 기억력 그리고 스키마)과 책의 수준에 달려있다. '독서=이해도+속도'라는 공식에서 지금까지 속도를 개발해왔지만 이제부터 이해도를 개발하는 원리를 살펴보자.

책을 빨리 읽기 위한 흐름영상의 연습이 두뇌력을 개발하고 집중력과 기억력을 높인다. 차를 몰거나 자전거를 탈 때 천천히 운전하면 여유 있게 이산 저산을 살필 수 있는 여유가 있지만 고속으로 운전하면 몸이 긴장되면서 운전에 집중을 하게 된다. 마찬가지로 책을 고속으로 읽으면 집중력이 높아진다.

<상상의 시계>와 <무지개 빛의 흐름> 자체가 집중력과 기억력을 높이지만 <몰입>과 <소리내어 읽기> 그리고 <아이브레인>을 통해 책의 내용을 정확하게 파악하기 위하여 좀더 강력한 내적 능력을 향상시키는 연습을 하자!

'빛의 속도로 정보를 해독하느냐?, 못하느냐?'는 몰입의 정도에 달려 있어서 몰입은 흐름과 더불어 <기적의 파워리딩>의 핵심원리가 된다.

음악가는 선율과 하나가 되고 미술가는 화폭 위에 붓으로 표현하려는 세계와 하나가 되며 운동선수는 공이나 기술과 하나가 될 때 몰입한다고 할 수 있다.

<기적의 파워리딩>은 나와 책장이 하나가 되고 나와 글줄(=흐름)이 하나가 되며 나와 글자가 하나가 될 때, 흐름이나 글자 자체가 내 자신(=두뇌)이 될 때, 독서에 몰입했다고 할 수 있다. 기적의 파워리딩에서 흐름 속에 몰입하는 것은 고도의 집중력으로 이어진다.

40년간 미국 시카고 대학에 교수로 재직하다가 현재 피터 드래커 경영대학 교수와 <삶의 질 연구소> 소장으로 있는 미하이 칙센트미하이 박사는 그의 저서 『플로우;Flow』에서 플로우란 어떤 행위에 깊게 몰입하여 시간의 흐름이나 공간, 더 나아가서는 자신의 대한 생각까지도 잊어버리게 되는 심리적 상태라고 말한다. 다시 말하면 플로우란 사람들이 다른 어떤 일에도 관심이 없을 정도로 지금 하고 있는 일에 푹 빠져 있는 상태를 의미한다고 설명한다.

플로우(Flow)란 '흐름'이란 말인데 흐름 자체를 몰입으로 해석하는 내용을 담고 있어서 흥미를 끈다. 미하이 칙센트미하이 박사는 삶의 질을 향상시키기 위해서 즐거움의 경험이 있어야 하고 이런 즐거운 현상을 구성하는 요소로 몰입을 말한다.

"… 본인이 하고 있는 행위에 집중할 수 있어야 한다 … 일상에 대한 걱정이나 좌절을 의식하지 않고 자연스럽고도 깊은 몰입상태로 행동할 때이다 … 자아에 대한 의식이 사라진다 … 시간 개념이 왜곡된다. 즉, 몇 시간이 몇 분인 것처럼 느껴지고…"(플로우;Flow, 미하이 칙센트미하이, 한울림)

몰입은 지금하고 있는 일에 푹 빠져 있다는 의미도 있지만 몰입은 마음이 즐거운 상태를 의미한다. <뇌내혁명>의 저자 하루야마 시게오 박사가 말하는 것처럼 마음이 즐거우면 시간가는 줄 모른다. 또 마음이 즐거우면 쾌감 호르몬인 엔돌핀도 솔솔 분비된다.

<기적의 파워리딩>은 흐름(=정보)속에 몰입하며 고도의 집중력을 유도하고 마음을 즐거운 상태로 변화시킨다. 파워리딩은 몰입으로 우리 의식이 알파파 내지 세타파 상태가 되면 이해수준은 자연히 증가하게 된다. 따라서 이해도의 문제를 해결하기 위해서는 이해수준을 증가시키기 위한 노력과 함께 몰입으로 우리 의식상태를 조절하는 독서습관을 길러야 한다.

<기적의 파워리딩>의 또 다른 특징은 **소리내어 읽는 것이다**

속독을 하는 사람들은 보면 소리내어 읽는 것(속발음)을 못하게 한다. <기적의 파워리딩>을 처음 연습할 때에는 속도에만 신경을 쓰기위해 속발음을 금지하지만 속도에 익숙해지면 소리내어 책 읽기를 권장한다.

사람이 소리내어 책을 읽는 것은 자연스러운 현상이다. 언어는 말과

글로 구성되어 있다. 어릴 때 옹알이를 시작으로 말을 먼저 배우고 글자는 나중에 익히게 된다. 말을 먼저 배운 상태에서 글자의 음가를 익히게 되니까 글자를 한자 한자 읽게 되고 소리내어 읽을 수밖에 없다. 음성속도가 독서속도가 된다. 그래서 언어를 배우는 과정이 바로 독서습관이 된다.

그리고 소리의 감각을 인식하는 측두엽 가까이 언어를 담당하는 영역과 기억중추인 해마가 자리 잡고 있기 때문에 소리내어 읽기와 기억과는 밀접한 관계가 있다. 단어를 외울 때에도 입으로든 속으로든 소리를 내는 이유가 바로 기억력을 높이기 때문이다. 요즘 국어 교육에서도 소리를 내어 읽는 것을 강조하는 이유가 여기에 있다. 글자를 소리 내어 읽을 때 기억과 관련된 중추를 자극할 수 있다.

속독을 강조하는 사람들이 소리내어 읽기를 금지하는 이유는 독서의 속도를 줄이기 때문이다. 소리내어 읽기(음독)는 속으로 읽는 음성속도에 맞추어 눈이 따라간다. 그래서 독서속도가 늦다. 물론 소리내어 빠르게 읽는 사람도 있다(속화). 아무리 음성으로 빨리 읽어도 눈 속도보다 늦다. 그래서 일반적으로 속독에서는 속발음을 금지한다. 아무래도 입의 근육을 움직여서 발성하기까지 많은 시간이 소요된다.

소리내어 책을 읽는 경우 지금 읽고 있는 내용보다 눈이 2~3배 앞서있는 경험을 한 적이 있는가? 사실 방송 아나운서들은 뉴스문장을 읽을 때 눈은 다음 줄을 미리 보는 연습을 한다. 그만큼 소리속도보다 눈속도가 빠르다.

<기적의 파워리딩>은 정확하게 내용을 파악하고 확실하게 내용을 기억하며 책 읽기의 집중도를 높이기 위하여 소리내어 읽기를 강조한다.

단, 입으로 읽는 음성속도에 눈이 따라가는 것이 아니라 **빛의 흐름을 따라 빠르게 움직이는 눈속도에 맞추어 음성이나 마음으로 읽는**

다(음독). 그래서 입은 상당히 빨리 움직여야 한다. 단어 하나하나를 읽는 것이 아니라 시야에 들어오는 글자(=정보)를 상당히 빠르게 읽어야 한다. 빛의 속도에 따라 글을 읽으면(음독하게 되면) 글자를 다 읽지 못하고 띄엄띄엄 읽기 때문에 이상한 소리가 나게 된다. 기억중추를 자극하고 전두엽을 울릴 수 있을 정도로 마음의 소리를 더 크게 울려야 <기적의 파워리딩>의 소리내어 읽기(음독)가 된다.

그래서 <기적의 파워리딩>은 무지개 빛의 속도를 먼저 체험하게 하고 빛의 속도에 따라 빠르게 소리를 내어 읽는 방법을 익히게 된다. <기적의 파워리딩>에 숙달되기 전에는 책의 한 쪽을 소리내어 읽으면 1분 이상 시간이 소요되지만 <파워리딩>은 한 쪽에 3초~7초 정도 또는 내용에 따라 10초면 충분히 읽을 수 있다.

○ 글을 소리내어 읽으면 ①글의 내용을 정확하게 파악할 수 있고 ②독서하는 재미와 만족도 느낄 수 있다. 음독은 주변으로 흩어지는 생각을 모을 수 가 있어서 ③집중력과 기억력이 높아진다. 또 ④표현력과 자신감도 증대된다.

글의 핵심을 정확하게 파악하기 위하여 글의 내용을 빠르게 파악하는 방법은 4가지로 정리할 수 있다.

첫 번째, 지식의 수준에 따라 내용을 파악하는 정도가 다르다.

자신의 수준에 맞는 글이 있다. 고등학생 정도 지적 수준을 가진 성인이 어린이 명작 동화를 읽는다면 쉽게 이해할 수 있고 독서속도 또한 빠를 것이다. 사람은 각자 자신에게 맞는 수준의 책이 있다. 경제학자가 <기적의 파워리딩>으로 의학서적도 빠르게 읽고 내용 파악도 정확하게 할 수 있는 것은 아니다. 경제학 분야라면 몰라도 낯선 의학 분야에 관한 책이나 글을 읽으면 아무래도 이해도가 떨어지고 더불어 속도도 늦을 것이다. 그러나 전문 분야에 대한 풍부한 지식과 어휘력이 준비되어 있다면 충분히 <기적의 파워리딩>으로 책을 읽을 수 있다.

지적 수준이 어린이 정도일지라도 <파워리딩>으로 글이나 책을 꾸준히 읽으면서 지식을 쌓아 간다면 만족할 만한 이해도와 속도로 책을 읽을 수 있는 능력이 개발된다.

두 번째, 글이나 책을 읽기 이전에 조사를 철저히!

글이나 책을 읽기 미리 대략적으로 파악해도 글의 내용을 이해하는 데 도움이 된다. <기적의 파워리딩>을 하기 전에 해야만 하는 사전 조사는 글이나 책의 전체적인 흐름과 핵심어를 파악하고 글이나 책을 읽는 목적을 간단하게 정리해야 한다. 물속으로 뛰어드는 다이빙 연습을 할 때에도 물의 깊이를 사전에 파악해야 사고가 나지 않는다.

어느 모임에서 <기적의 파워리딩>에 대하여 설명을 할 때이었다.

"책에 관해 사전에 조사할 시간이 있으면 곧 바로 책을 읽지 왜 시간을 들여서 사전 조사를 해야 하느냐?"라고 누군가 질문을 했다.

맞는 이야기다. 그러나 <기적의 파워리딩>은 글이나 책을 빠르게 읽으면서 내용의 핵심을 정확하게 파악하기 위한 독서의 기술이다. 글이나 책을 읽기 전에 책의 겉표지나 목차 또는 머리말, 후기에 나타난 문구로 책의 실마리를 찾아 정리한다면 책이나 글의 목적을 대략 알 수 있다. 두뇌는 막연한 대상보다 목적이 뚜렷하거나 익숙해진 경험에 더욱 빠르게 작동된다.

따라서 책이나 글을 빠르게 읽더라도 핵심적인 내용에 쉽게 접근할 수 있다. 마치 운동장에서 수많은 어린이가 놀고 있어도 엄마는 자신의 아이의 목소리를 금방 구분해 내는 것과 같은 원리이다.

글이나 책을 읽기 전에 책을 대략적으로 조사를 한다면 책의 수준을 파악할 수 있고 책의 분류도 가능하다. 프란시스 베이컨이 이야기한 것처럼 책의 종류는 다양하다. 맛만 보아야 할 책이 있고 입에 씹을 만한 책이 있으며 완전히 소화해야 하는 책이 있다. 맛만 볼 책이면 책의 내용을 제대로 읽지 않고 사전 조사만으로도 책의 내용을 쉽게 파악할 수도 있다. 질기고 거친 음식도 다듬고 양념을 해서 먹기 좋게 바꿀 수 있듯이 글이나 책도 읽기 전에 겉표지의 글이나 목차를 통해서 그 내용을 미리 조사하면 빠르고 정확하게 내용을 파악하는 데 도움이 된다.

세 번째, 독서속도를 줄여라.

<기적의 파워리딩>은 책의 내용을 빠르고 정확하게 파악하는 독서 기술이다. <기적의 파워리딩>은 흐름으로 음독할 경우 책장의 매 쪽을 10초 이내로 제한하고 60~70% 이상의 이해수준을 유지하며 독서하기를 강조한다. 만약 100쪽 분량의 책의 매 쪽 10초의 속도로 읽는다면 100쪽×10초=1000초, 16분 40초가 걸린다. 상당히 빠른 속도로 책이나 글을 읽는 수준이다. <기적의 파워리딩>으로 글이나 책을 읽다보면 '시간은 상대적이다'라는 사실을 피부로 느낄 수 있다.

예를 들면, 매 쪽을 0.5초의 속도로 100쪽을 읽다가 갑자기 매 쪽을 3초로 읽게 되면 그 늘어난 시간이 상당히 길게 느껴진다. 매 쪽을 7초, 또는 10초로 읽는다면 시간을 더 길게 느낄 수 있다. 한마디로 여유가 생긴다. 따라서 이해의 수준을 높이기 위해 독서속도를 줄여야 한다. 흐름을 연습할 때는 가능하면 최대한 빠르게 책을 읽다가(매 장 0.5~2초 이내) 독서속도를 매 쪽 10초 이내로 늘리면 시간적인 여유가 생기면서 이해도가 증가된다.

독서속도를 조절하면서 이해의 수준을 높이는 방법은 글이나 책의 수준에 따라 다르게 적용할 수 있다. 하지만 이 방법은 <기적의 파워리딩>을 충분히 숙달해서 독서속도가 상당히 빠른 수준에 이르렀을 때에 사용할 수 있다.

마지막으로 집중력과 잠재력의 조절능력에 따라 이해수준이 달라진다. '집중'이란 '의식이나 생각을 한곳에 모은다'는 뜻이다. 집중력은 마음을 모을 수 있는 힘이나 능력을 의미한다.

『4배속 음독(音讀) 기적의 파워리딩』에서 의미하는 집중이란 글이나 책을 읽을 때 읽는 그 자체에 의식이 모아진 상태이다. 무지개 빛의 흐름 속에 자신의 생각과 의식을 집어넣은 상태이다. 즉 무지개 빛의 흐름 위에 정보(=글자)를 놓을 때, 생각이나 의식이 직접 글자 속에 들어간 상태이다.

○ '흐름＝정보＝의식' 이 세 가지가 하나 될 때 고도의 집중력이 나타나고 이해도가 높아진다. 따라서 무지개 빛의 흐름 자체가 생각이 되고 글자(＝정보) 또한 의식이 된다.

흐름과 정보가 나와 하나된 것을 고도의 집중상태라고 한다. 고도의 집중상태는 글이나 책의 내용을 파악하는 수준을 높여준다. 따라서 고도의 집중력은 책의 내용을 파악하는 데 아주 중요한 요인이 된다. 그리고 두뇌의 집중력은 뇌파의 상태(알파파와 세타파)에 달려 있다.

글이나 책을 빠르게 읽고 내용을 정확하게 파악하는 작업은 일종의 정신작용이다. 정신은 뇌파가 알파파나 세타파에서 가장 왕성하게 작용하는 것으로 알려져 있다. 독서 1분전에 심호흡을 하는 이유가 바로 여기에 있다. 심호흡을 하면 몸의 긴장이 풀리고 이완된다. 그리고 마음이 편안해지고 안정된다. 몸의 긴장이 풀리면 생각의 중심이 외부에서 내부로, 감각의 영역에서 마음의 영역으로 이동한다. 이때 마음의 대화가 활발해지고 정신적 기능이 활성화된다.

우리 몸은 진동한다. 『15분의 기적』의 저자 김종철 박사는, 원자는 1초에 핵을 중심으로 전자가 일천 조(1,000,000,000,000,000)번을 진동한다고 말한다.

세포는 1초에 3,000번, 우리 몸은 1초에 7번 진동한다고 한다. 사람에게는 지문과 같이 각 개인마다 독특한 뇌파가 있다. 뇌파는 뉴런들이 진동하는 것으로 정밀한 기계로 측정 할 수 있다. 사람의 뇌파는 진동폭에 따라 몇 가지로 구분된다.

강렬한 운동이나 감정이 격한 흥분 상태에서는 베타파(32Hz 이상)가 발생된다. 우리가 보통 생활하는 일상에서는 14-32Hz의 베타파, 몸이 이완되고 마음이 안정된 상태에서는 알파파(7-14Hz)가 방출된다. 또 절대 안정 또는 수면 상태에서는 세타파(4-6Hz)가 발생되고 깊은 잠(숙면)을 잘 때에는 델타파(3Hz 이하)가 방출된다.

뇌파로 구분된 마음의 작용을 정리해 보면 다음과 같다. 일상 상태(베타파)에서는 외부의 감각(오감)이 활발하게 작용한다. 이런 상태에서는 감각정보를 수용하고 판단하며 다시 운동신경을 통해 반응하게 하는 시스템이 주를 이룬다.

그러나 몸이 안정(알파파)되면 외부의 감각보다는 내부에 저장된 정보를 분류하고 분석, 판단하며 체계화하는 작업이 이루어진다. 그 다음 단계로 잠을 잘 때(수면 또는 숙면 상태에서), 외부의 감각(오감)은 부분적으로 또는 전면적으로 차단되고 감각정보가 아닌 두뇌 내부의 정보는 무의식 속에서 체계화되거나 그 용도가 폐기되기도 한다. 일부 학자들은 두뇌 속의 정보가 분류되거나 폐기되는 과정이 꿈으로 나타난다고 주장한다.

고도의 집중력이 발휘되고 두뇌 속에 숨겨진 능력(잠재력)이 나타나게 하려면 뇌파를 알파파내지 세타파 상태로 만들어야 한다. 특히 뇌파가 세타파를 유지하면 두뇌의 가동률과 효율이 높아지는 것으로 알려지고 있다.

독서속도를 개발할 때, 빠르게 글이나 책을 읽는다는 생각만 해도 두뇌구조는 책을 빠르게 읽을 수 있는 독서모드로 준비되어 있다고 앞서서 설명했다. 마찬가지로 글의 내용을 정확하게 파악하는 능력을 개발하려면 '글이나 책의 내용을 정확하게 파악해야 한다'고 생각만 해도 두뇌는 이미 '책을 정확하게 읽는' 체계로 변화되고 책이나 글의 내용을 정확하게 파악할 준비가 되어 있다.

> ○ 글이나 책의 내용을 순식간에 파악하는 능력은 바로 두뇌의 집중력과 기억력 그리고 의욕에 달려 있고 집중력과 기억력 그리고 의욕을 높이는 방법은 생각(=마음)에 달려 있다. 또한 집중력과 기억력과 의욕은 알파파와 세타파 상태에서 최고로 발휘된다.

『4배속 음독(音讀) 기적의 파워리딩』은 무지개 빛의 흐름과 집중력을 높이는 아이브레인(빨대), 그리고 흐름에 따른 음독(소리내어 읽기) 프로그램으로 구성되어 있다. 이런 프로그램이 두뇌에 입력되고 책을 읽을 때 이 두 가지 프로그램이 저절로 작동하면서 완성된다.

따라서 독서이해도는 '독서를 얼마나 오랫동안 했느냐?(스키마의 성장)'도 필요하지만 의식이나 생각의 중심을 외부 감각에서 내부 마음으로 이동시키고 뇌파의 진동폭을 알파파나 세타파 상태로 변화시키는 '의식의 조절을 얼마나 자연스럽게 할 수 있는 가'에 달려 있다.

<기적의 파워리딩>은 의식이나 생각을 지금 읽고 있는 글자의 흐름(=정보) 속에 몰입하게 하여 고도의 집중력을 유도하고 독서하는 마음을 즐거운 상태로 변화시킨다. 독서에 몰입(집중)하여 생각(=의식)이 알파파나 세타파 상태가 되면 두뇌의 가동률이 높아지고 책 내용에 대한 이해도가 높아진다.

따라서 내용을 이해하는 문제를 해결하기 위하여 일차적으로 많은 양의 글이나 책을 읽으면서 지적인 수준을 높여야 한다(스키마의 확장). 그리고 지금 하고 있는 일에 몰입하는 연습을 꾸준히 실시하여 자신의 의식수준을 자유롭게 조절할 수 있는 능력을 길러야 한다.

지금부터 『4배속 음독(音讀) 기적의 파워리딩』에 익숙해질 때까지 많은 책이나 글을 읽어야 한다. 그리고 21일 동안은 <기적의 파워리딩>에 익숙해지기 위한 연습기간이라 생각하고 <무지개 빛의 흐름>

에 관한 연습은 매 장을 0.5~2초 이내, <두뇌의 눈(아이브레인)>에 관한 연습은 매 쪽을 10초 이내의 시간제한을 두고 연습하기를 권한다.

기적의 파워리딩, 혼자서 연습하기

<기적의 파워리딩>은 독서속도를 적어도 2배속 또는 4배속 이상 개발할 수 있다. 노력에 따라서는 10배속의 능력도 개발이 가능하다.

개인적인 습관을 바꾼다는 것은 사회적인 혁명보다 어려운 일이다. 하나의 프로그램을 두뇌에 입력되고 행동이나 생활로 자연스럽게 나타나기까지 21일(3주)에서 100일(3개월)이 걸린다고 한다. 여유를 가지고 <기적의 파워리딩>을 즐기기를 바란다. 자! 이제부터 음성속도로 책을 읽던 옛 습관을 버리고 무지개 빛의 흐름에 따라 음독하는 새로운 습관을 만들어야 한다.

(1) 혼자서 연습하기 위한 준비

1) <기적의 파워리딩>을 익히기 위한 계획 세우기

연습을 위해 일정한 계획을 세워야 한다. 중국 송나라의 문인 구양수는 독서와 사색의 장소로 말 위에서 침상에서 그리고 화장실이라고 했다. 언제 어디서나 책을 읽어야 한다는 의미라고 생각한다. <기적의 파워리딩>을 위한 연습도 자투리 시간을 이용하여 언제 어디서나 꾸준히 해야 한다. <흐름> 연습은 집을 오가는 버스 안에서 집중적으로 하거나 잠들기 직전, 아침에 깨자마자 3~5분 정도 수행해야 한다. 자신만의 조용한 장소를 찾아서 버스 안이나 화장실 등 언제 어디서나 연습할 수 있다.

2) 연습일지 쓰기

<기적의 파워리딩>을 혼자서 연습하기 때문에 강력한 자기통제가 필요하다. 그래서 연습일지 쓰기를 권한다. 기적의 파워리딩을 처음 접한 날, 연습을 시작한 날, 흐름을 체득한 날, 독서의 옛 습관이 완전히 사라진 날 그리고 기적의 파워리딩을 독서에 적용할 때 나타나는 새로운 변화 등 나 홀로 연습하는 여러 가지 느낌을 자세히 기록한다.

3) 독서습관 바꾸기

기적의 파워리딩을 하면 한 권의 책을 3번씩 읽는 독서습관을 만들어야 한다. 전체적으로 훑어보기(파워통독)로 한 번(매장 0.5~2초의 속도), 파워리딩으로 한 번(매쪽 3~10초의 속도), 그리고 파워리딩으로 체크해 둔 곳을 집중적으로 공략(적독)한다.

4) 기적의 파워리딩을 방해하는 요인을 제거하기

기적의 파워리딩을 연습할 때 방해하는 요인이 몇 가지 있다.

- 독서속도를 떨어뜨리는 속발음(기적의 파워리딩에 익숙해진 후에는 소리내어 읽어야 한다)
- 무의식적으로 나타나는 안구운동 급하게 서두르는 조급증

- '잘 될까?'하는 의심
- 책을 정밀하게 읽고 완벽하게 이해하고 싶은 마음이다.

5) 기적의 파워리딩을 위한 준비물
- 독서대/눈의 피로를 덜어주고 자세를 곧게 만들어 준다.
- 스피드 연고/책장을 빠르게 넘길 수 있게 한다.
- 100~200쪽 분량의 책(활자가 크고 쉬운 내용)
- 카드 또는 가늘고 긴 젓가락
- 초시계(디스카운트 알람기능이 있어야 한다)

<기적의 파워리딩>으로 책을 읽어도 독서속도는 빠른데 이해가 잘
되는 경우
1. 무지개 빛의 흐름이나 두뇌의 눈(아이브레인)에 관한 연습이 정확
   하지 않다.
2. 빨리 읽어야한다는 급한 마음에 내용을 정확하게 읽지 않는다.
3. 무지개 빛의 흐름에 몰입하지 않는다.
4. 자기암시(무지개 빛의 흐름, 아이브레인의 빨대)를 하지 않고 책을
   읽는다.
5. 흐름에 따라 소리내어 읽기(음독)를 하지 않기 때문이다.

(2) 나홀로 연습 1단계

1) 상상의 시계를 만들어 본다.

심호흡을 2~3번하고 마음을 가라앉힌다. (가늘고 길게 복근을 이용
하여 호흡을 한다.) 먼저 상상의 시계를 만들어 보자! 눈을 감고 상상

의 시계를 머리 속에 그린다. 상상의 그림을 바로 눈앞에 놓아도 좋고 머리 중간에 놓아도 좋다. 가능하면 머리 속에 가득 채운 아날로그시계를 상상한다. 세계 최대의 시계를 상상한다.

세상에서 가장 큰 '상상의 시계'를 마음속으로 상상하려면, 12라는 숫자는 상상의 맨 꼭대기에, 3이란 숫자는 상상의 오른쪽 가장자리에, 6이란 숫자는 상상의 맨 아래에, 9라는 숫자는 상상의 왼쪽 가장자리에 위치하도록 상상한다. 상상으로 시계의 숫자도 보고 초침이 돌아가는 것을 시도한다.

2) 두뇌를 마사지하자!
－먼저 눈을 감고 마음을 가라앉힌다.
－상상의 시계를 그린다.
－상상의 시계 가운데 3중구조의 두뇌를 그리며 마사지를 한다.
－호흡이나 맥박 등 생명의 기본이 되는 뇌간을 상상하며 마사지를 한다.
－기억을 담당하는 해마, 감정과 연관된 편도를 그려본다.
－의식을 담당하는 대뇌피질을 그리며 마사지를 한다.

3) 두뇌체조를 하자!
두뇌체조는 두뇌를 유연하게 하며 좌뇌와 우뇌의 통합된 기능을 원활하게 한다.
－눈을 상상의 시계를 그린다.
－세계에서 제일 큰 시계를 상상한다.
－시계 중심에서 시작하여 9시로 지나가는 원을 그리고 다시 시계 중심으로 돌아온다.

- 계속해서 시계중심에서 3시를 지나가는 원을 그리고 다시 시계
  중심으로 돌아온다.
- 상상의 시계중심을 축으로 9시와 3시를 지나가는 무한대 기호(∞)
  를 상상한다.
- 가능한 빠른 속도로 그린다.(눈동자는 움직이지 말고 의식의 흐름
  을 느껴본다)

(3) 나홀로 연습 2단계

1) 흐름을 연습하자!

기억하자! B2 × B1 ⇒ B3

즉 상상(흐름)으로 두뇌를 자극하여 독서습관을 만들어보자! 흐름은 기적의 파워리딩의 처음이자 모든 것이다. <흐름>은 눈으로 보고 이해하는 것이 아니라 우리 두뇌가 느껴야 한다.

월드컵 축구경기를 많이 본다고 축구를 잘 하게 되는 것은 아니다. 내가 직접 공을 차고 연습을 해야 축구를 잘 하게 된다. 몸의 근육이 발달하면 몸짱이 되듯이 두뇌의 근육을 개발하여 '두뇌짱'이 되자!

<흐름>연습은 여러분의 놀라운 상상력으로 두뇌에 없던 프로그램을 만드는 작업이다. 처음에는 흐름이 전혀 안보이다가 연습의 횟수가 많아지면 희미하게나마 나타나서 점차 또렷하게 보이기 시작한다(여러분 두뇌에 없던 프로그램이 만들어지기 때문이다).

2) <흐름>연습법

동영상을 보고 <흐름>을 경험하고 눈을 감고 상상스크린의 크게 만들고 3줄기의 직선을 왼쪽에서 오른쪽으로 손을 사용하여 크게 그린

다. 처음에는 천천히 점점 빠르게…(손으로 그리는 직선은 속도의 한계가 있다). 그러면 속도의 한계를 극복하기 위하여 상상으로 연습한다. 3줄만 흐름을 생각하고 계속해서 상상한다(3줄기만으로 연습). 동영상으로 본 것을 머리 속에 떠올리거나 내가 그런 흐름을 억지로 만들어 본다. 흐름영상의 속도감을 상상으로 느낀다. 연습은 여러분에게 놀라운 행운을 갖다 줄 것이다(속으로 중얼거린다. '3줄기 흐름이 잘 보인다!' '아주 잘 보인다!' 또렷하게 잘 보인다!).

3) <흐름>을 연습하는 이유

> ① 시야의 순간이동능력을 키운다.
> ② 순간지각능력을 키운다.
> ③ 순간집중력을 높인다.
> ④ 시야의 폭을 확장한다.

<u>흐름을 꾸준히, 구체적으로, 집중적으로 연습해야한다.</u> <흐름>이란 간단히 말해서 시냇물이 흘러가는 그런 흐름이다. 또 구름이 흘러가듯이 흐름은 지나가는 것이다. 고속도로 위를 자동차가 빠르게 지나간다. 고속열차가 철로 위를 시속300킬로미터 이상으로 빠르게 지나간다. 아니면 총알이 빠르게 지나간다. 번개로 번쩍하면서 빛이 빠르게 위에서 아래로 흘러간다. 이런 모든 것들이 다 흐름이다.

우리 주변에서 흐름을 느낄 수 있는 가장 쉬운 방법이 목욕할 때 쓰는 샤워기이다. 샤워기를 왼 손에 들고 오른쪽을 향하게 한다. 눈 앞에서 물줄기가 빠르게 지나가는 모습이 바로 흐름이다.

4) 세 줄의 흐름을 연습하자!

상상의 시계를 상상하고 10시부터 2시를 잇는 직선을 왼쪽에서 오른쪽으로 죽 그어본다.

처음에 상상으로 잘 그려지지 않으면 손을 사용하여 긋는다. 이어서 9시부터 3시를 잇는 선을 죽 그어본다. 계속해서 8시부터 4시까지 잇는 직선을 죽 그어본다. 이렇게 직선 3줄이 만들어진다. 직선은 두 점 사이를 무한이 지나가는 선이다(선분하고 차이가 있다). 이런 상상을 손으로 직선을 그으며 10번 정도 계속 해본다.

이번에는 계속해서 눈을 감은 상태에서 눈동자는 움직이지 말고 상상으로 직선 3줄을 그려본다. 직선방향은 왼쪽에서 오른 쪽으로만 선을 긋는 상상을 한다. 10시부터 2시 방향으로 지나간 직선을 상상하였다면 9시부터 3시 방향의 선을 긋기 위하여 눈을 오른쪽에서 왼쪽으로 이동할 필요가 없다. 왜냐하면 감각의 눈이 아니라 마음의 눈으로 보기 때문이다. 그래서 항상 11시, 9시, 8시에서 출발만 한다. "3개의 줄이 또렷하고 빠르다"라는 암시의 말도 잊지 말자.

같은 방법으로 5줄의 흐름도 연습할 수 있다(1분단위로 연습).

11시에서 1시 방향의 직선을 긋고

10시에서 2시 방향으로

9시에서 3시 방향으로

8시에서 4시 방향으로

7시에서 5시 방향으로

처음에는 한 줄씩 긋다가 5줄이 다 그어지면 5줄을 동시에 상상해야 한다. 선풍기도 정지되어 있거나 천천히 돌때 날개가 다 보이지만 고속으로 돌 때 마치 원으로 보이는 것과 같다. 감각적으로 천천히 직선이 그어질 때 선이 다 보이지만 빛의 속도로 직선이 그어지면 마치 5개의 줄이 몽땅 한꺼번에 지나가는 듯이 보인다. 이런 흐름연습은 시간이 있을 때마다 자투리 시간에 틈틈이 해야 한다.

<흐름>의 속도를 더 높여 보자!

우리는 책을 읽거나 사물을 볼 때 의식적인 눈, 물리적인 눈, 감각적인 눈으로 보는데 익숙해 져 있다. 우리에게는 또 다른 눈이 있다. 상상의 눈, 두뇌의 눈 또는 마음의 눈이다. 감각적인 눈으로 흐름을 연습하면 훈련기간도 길고 속도도 제한되어 있다. 그래서 <두뇌의 눈(상상의 눈)>으로 보는 데 익숙해지면 속도도 빠르고 훈련기간도 단축된다.

감각적인 눈으로 보는 습관을 벗어야 한다. 마음의 눈으로 책을 보는 새로운 독서습관을 두뇌 속에 입력을 해야 한다. 감각적인 눈에서 마음의 눈으로 변화하기 위하여 감각적인 눈으로 독서회로를 만들고 상상의 눈으로 독서회로를 빠르게 보는 연습을 해야 한다. 그렇지만 감각적인 방법은 여전히 남아 있다. 마음의 눈으로 보기 위한 중간 단계라 생각할 수 있다.

마음의 눈으로 보려면 어떻게 해야 할까? 마음으로 본다는 말 자체가 바르지 않다. 마음으로 느껴야 한다. 만약에 내가 부산까지 간다면 어떻게 가야 하나? 감각적인 눈의 차원으로 부산에 간다면 서울역에서 표를 사고 기차를 타고 4~5시간을 지나서 부산에 도착합니다. 상상의 차원이라면 상상으로 티켓을 사서 상상의 기차를 타고 부산에 도착할 수 있다. 좀 더 상상적인 차원이라면 '내가 지금 부산에 있다'라고 상상하면 된다. 상상의 세계는 시간과 공간을 초월하기 때문에 내가 상상하고 믿는 대로 내 생각은 이루어 진다. 다시 말해서 두뇌의 공간모드를 부산에 있다고 믿는 것이다.

영어 강사들이 말하는 영어 공부 비법 중에 하나가 영어공부를 할 때 '나는 한국 사람이 아니라 미국 사람이다'라고 상상하고 미국인처럼 영어를 말하라고 한다. 생각만으로 두뇌를 충분히 자극할 수 있고 두뇌의 모드도 바꿀 수 있다.

> ◯ 우리 눈으로 빛의 속도를 따라 갈 수도 없고 볼 수도 없다. 그러나 상상의 눈 믿음의 눈으로 보아야 빛의 속도를 따라 갈 수 있다. '빛의 속도를 따라 잡았다'고 또는 '보았다'고 믿으면 된다.

흐름연습은 여러분의 감각적인 눈을 감고 상상(마음)의 눈을 뜨는 연

습이다. 감각적인 눈으로 보는 습관을 극복하고 잊어버릴수록 흐름의 속
도는 더욱 빨라진다.

　5) 무지개 빛의 7줄 흐름연습
　　① 눈을 감고 상상의 시계를 최대로 만들어 보자!
　　② 7줄의 흐름을 상상한다.(1분 단위로 연습)
　　　　12시 방향
　　　　11시~1시
　　　　10시~2시
　　　　9시~3시
　　　　8시~4시
　　　　7시~5시
　　　　6시 방향의 직선을 상상해 보자.
　　③ 이번에는 상상의 눈이란 차원을 적용하여 느껴보자!

이동구간=(12)(11시-1시)(10-2)(9-3)(8-4)(7-5)(6)을 통과하는 직선
이동속도=빛의 속도
이동방법=한 줄씩/순차적으로/정밀하게/연속적으로/저절로…
이동가속도=사랑

　　<u>"감각의 눈으로 보지 않는 다는 사실을 잊을수록 더 빨라진다."</u>

　　잠시 눈을 감고 상상의 시계 속에서 7줄의 흐름을 1분 동안 상
　　상해 보자. 빠르게 흘러가는 흐름을 마음으로 터득하자(상상의
　　속도가 독서속도가 된다).

④ 7줄의 흐름을 무지개 빛으로 연습하자!(1분단위로 연습)

12시/0시를 지나가는 빨간 색 빛을 상상합니다.

11시 - 1시 사이를 지나가는 주황색 빛

10시 - 2시 사이를 지나가는 노랑색 빛

9시 - 3시 사이를 지나가는 초록색 빛

8시 - 4시 사이를 지나가는 파랑색 빛

7시 - 5시 사이를 지나가는 남색 빛

6시/6시를 지나가는 보라색 빛을 상상한다.

⑤ '한 줄씩, 순차적으로, 정밀하고, 연속적으로, 저절로' 지나가는 흐름을 상상한다. 처음에는 한 줄씩 상상하게 되지만 빠른 빛이 연속적으로 지나가면 7줄을 동시에 느끼게 된다.

⑥ 눈을 감고 의식적으로 보려고 하지 말고 상상으로 흐름의 느낌을 터득해야한다. 육체의 눈은 보려고 하지만 마음의 눈은 느끼면 충분하다. 감각의 눈을 감으면 마음의 눈이 떠진다.

⑦ 상상의 눈으로 무지개 빛의 흐름을 느끼기 위한 프로그램은

상상의 시계

이동속도 빛의 속도(30만Km/1초)

이동구간 (12), (11-1), (10-2), (9-3), (8-4), (7-5), (6)을 지나가는 직선

이동방법 한 줄 단위씩 순차적으로, 완벽하게 연속적으로 그리고 저절로 흐른다.

이동가속도＝사랑

⑧ <흐름>프로그램은 자투리 시간을 이용하여 꾸준히 연습하자!

반복연습은 새로운 습관을 만들고 새로운 프로그램을 두뇌 속 깊이 입력하게 한다.

<흐름>연습은 두뇌근육을 길러서 독서력을 향상하게 만들어 준다. 두뇌영상으로 연습하여 상상으로 무지개 빛이 빠른 속도로 저절로 지나가는 흐름을 깨닫기를 바란다.

> ○ **흐름연습은 반듯이 중얼거림과 함께**
>
> 중얼거림은 암시의 말이고 암시의 말은 '생각의 소리'이다. <무지개 빛의 흐름>을 상상할 때 "빠르고 또렷하게 보인다"라고 마음으로 외친다. 상상과 중얼거림을 통해 강력한 이중적인 자극이 두뇌에 작동된다.

(4) 나홀로 연습 3단계

1) <아이브레인> 만들기 연습

· 먼저 심호흡을 2~3번 하고(몸의 이완, 마음의 안정) 생각을 시각화한다.

· 이완된 몸을 마음의 눈으로 바라본다. 자세를 바르게 한다.

· 마음이 안정된 것을 느끼면 다음으로 넘어간다.

· 눈을 감고 상상의 시계를 그려본다.

· 무지개 7줄기 빛의 흐름을 상상하고 속도를 시각화한다.

　암시의 말: "빨·주·노·초·파·남·보! 레인보우"

· 빛을 빨아들이는 두뇌를 시각화하고 상상한다. 주스를 빨대로 꽂아 빨아 먹듯이 쪽쪽 빠는 상상을 한다. 무지개 빛의 한 줄 한 줄을 쪽쪽 빨아 먹는 상상을 한다.

　암시의 말 : "쪽쪽 빨자! 아이브레인!"

· 아이브레인(두뇌의 눈)을 만들어 보자.

 ㅡ 두뇌의 눈은 상상의 눈이다.

 ㅡ 두뇌의 눈은 의식적인 뇌와 무의식적인 뇌가 함께 작용하는 눈이다.

 ㅡ 두뇌의 눈은 <보이는 눈+보려는 눈>이다.

 ㅡ 두뇌의 눈은 사물을 보는 즉시 해독하고 낭독한다.

 ㅡ 두뇌의 눈은 흐름이나 글자(=정보)를 빨아 당기는 힘이 무한한 초
   강력 빨대이다.

2) 두뇌의 눈을 입력하자.

◯ 프로그램을 두뇌에 입력하는 방법은 <생각>이다
생각을 강화하는 자극제=구체적인 상상+암시의 말+강력한 의지

두뇌의 눈이 또렷하고 다이내믹하게 활성화될 때까지 상상한다. 동시에 암시의 말(쪽쪽 빨자 아이브레인!)을 한다. 다이내믹하게 활성화된 두뇌의 눈은 머리 속, 중앙에서 환한 빛을 발하는 보석과 같다. 암시의 말을 계속한다.

"쪽쪽 빨자 아이브레인!"

시간이 날 때마다, 책이나 글을 읽기 전에 두뇌의 눈을 상상으로 만들어보자!

(5) 나홀로 연습 4단계

1) 시폭을 넓히는 연습

책을 읽을 때 책 속의 글자와 함께 책 주변의 책상이나 연필 이런

것들도 동시에 볼 수 있다. <u>눈으로 인식할 수 있는 시야는 책에 눈의</u> <u>초점을 모아 의식적으로 보려는 시야(인식시야)와 책의 주변에 무의식</u> <u>적으로 보이는 시야(주변시야)로 구성되어 있다.</u>

인식시야는 눈의 초점이 모아지는 곳으로 의지적인 인식이 가능하며 글이나 책을 읽을 때 활용되는 시야이다. 인식시야는 6Cm정도이며 전체 시야에서 10%미만을 차지한다. 반면에 주변시야는 시야의 90%이상을 차지하며 무의식적으로 처리되고 전체적인 인식이 가능하다. 그림이나 경치 등 먼 거리를 볼 때 활용되는 시야이다. 우리는 지금까지 눈의 초점을 모이는 인식시야로만 글이나 책을 읽어 왔다.

서울대학교 명예교수 조창섭박사는 그의 저서 『속독법』에서 인식시야가 6cm에 불과하기 때문에 한꺼번에 많은 글자를 읽을 수 없다고 지적한다. 책을 빠르게 읽기위하여 한번에 많은 정보를 입력할 수 있는 시폭 확장 연습을 해야 한다고 말한다.

<4배속 음독(音讀) 기적의 파워리딩>은 책이나 글을 빠르고 정확하게 읽기 위하여 전체적으로 보는 주변시야를 개발하는 연습을 한다. 주변시야를 개발하기 위하여 한 손바닥을 쫙 펼쳐서 눈에서 30cm 떨어진 위치에 둔다. 쫙 펼쳐진 손가락 사이를 보면 손가락이 흐릿하게 여러 개로 보인다. 하루에 5분 정도 손가락 사이를 보며(손가락에 눈의 초점이 맞으면 안 된다) 손가락을 의식하는 훈련을 하면 주변시야가 개발된다.(연습 중에 손바닥을 보면 손바닥은 또렷하게 보인다)

그리고 책을 읽으면서 눈의 초점을 책 너머에 두고 흐릿한 책의 글자를 전체적으로 또렷하게 보려는 의식적인 훈련을 하면 도움이 된다. 책을 보다 쉬는 시간에 틈틈이 하기를 권장한다.

한 가지 더, 흐름을 연습할 때 흐름의 시작을 무한으로 시작해서 무한으로 흘러가는 것을 의식적으로 연습하면 시폭을 확장 개발 할 수 있다. 주변시야가 개발되면 한꺼번에 많은 정보를 동시에 수용할 수 있기 때문에 글을 빠르고 정확하게 읽을 수 있다.

독서할 때 눈의 범위를 한 글자나 한 단어에 주지 말고 한 문장이나 한 문단을 한눈에 보는 연습을 의식적으로 해야 한다.

(6) 나홀로 연습 5단계

1) <기적의 파워리딩>으로 책 읽기

<기적의 파워리딩>으로 책을 읽는다는 의미는 두뇌 속에 만들어진 흐름으로 책의 글자 정보를 해독하는 과정이다.

2) <흐름>으로 책 읽기

- 눈을 감고 상상의 시계를 떠 올린다.
- 상상의 시계 위를 지나가는 '무지개 빛의 흐름'을 상상한다.
- 샤워기를 왼손으로 들고 물줄기가 오른쪽으로 흘러가는 모습을 상상한다.
- 그 물줄기가 빛의 속도로 빠르게 지나가는 것을 느껴본다.
- 내 자신(의식)이 그 빛줄기 속에 있다고 상상을 한다.
- 빨대를 상상하며 7줄의 무지개 빛을 최강스피드로 빨아 당긴다.

<u>여러분의 생각의 속도가 바로 책을 읽는 속도로 이어진다. 흐름을 아주 구체적으로 상상해야 책을 정확하게 읽게 된다</u>. 그럼 이번에는 그럼 흐름의 느낌을 가지고 100쪽 분량의 책을 읽자. 흐름으로 책을 읽는 연습할 때에는 절대로 책의 내용을 이해하려 하지 말아야 한다. 즉 이해도=0, 속도=최대. 책의 내용을 이해하기 위하여 속도가 느려지면

책을 거꾸로 들고라도 연습해야 한다.

- 초시계를 맞추어 놓고 1분 단위로 연습한다.
- 먼저 스피드 연고를 오른손 검지와 중지에 바르고
- 흐름을 상상하며 최대한 빠른 속도로 책을 넘깁니다.
- 상상시계를 책장(2쪽)에 그리며 7등분하여 커다란 무지개 빛의 흐름이 지나가는 것을 두뇌로 의식하며 눈으로 본다.
- 7등분한 빛줄기를 무지개라고 생각하고 '빨·주·노·초·파·남·보, 레인보우!'라고 속으로 외치며 책장을 넘깁니다.
- <무지개 빛의 흐름>을 책장에 적용하는 훈련은 매장(2쪽) 0.5초~2초이다.

매장을 1초마다 넘긴다(1초마다 알람이 울리면 무조건 책장을 넘긴다).
매장을 0.5초마다 넘긴다(0.5초마다 알람이 울리면 무조건 책장을 넘긴다).
매장을 2초마다 넘긴다(2초마다 알람이 울리면 무조건 책장을 넘긴다).
매장을 1초마다 넘긴다(1초마다 알람이 울리면 무조건 책장을 넘긴다).

- 책을 놓고 이번에는 눈을 감고 상상시계를 만들어서 7줄기의 흐름을 상상한다. '빨·주·노·초·파·남·보, 레인보우!'라고 속으로 외친다.
- 상상훈련과 실제 책 읽기 훈련을 반복하라! 거꾸로 된 책을 들고 상상의 빛을 적용한 훈련(2번)을 반복하면서 흐름으로 책을 읽는 연습을 한다. 상상으로 1번 그리고 책으로 2번씩 반복한다.

(7) 나홀로 연습 6단계

1) <아이브레인>으로 책 읽기

<무지개 빛의 흐름>으로 책 읽기가 독서속도를 높이는 연습이라면 <아이브레인>은 책 읽기의 이해도를 높이기 위한 연습이다. 훈련속도

는 매 장(2쪽) 0.5초~2초이다. 그리고 <기적의 파워리딩>에서 권장하는 독서속도는 매 쪽(1쪽) 3초~10초이다.

2) 무지개 빛 흐름과 두뇌의 눈 만들기

- 먼저 눈을 감고 상상의 시계를 만든다.
- 상상의 시계를 지나가는 7 줄기 무지개 빛의 흐름을 상상한다.
  (암시의 말: "빨·주·노·초·파·남·보! 레인보우!")
- 상상의 시계, 3시에서 보석처럼 빛나는 두뇌의 눈을 상상한다.
  (암시의 말: "쪽쪽 빨자 아이브레인!")
- 7줄기 무지개 빛의 흐름을 두뇌의 눈으로 빨아 당긴다.
  두뇌의 눈은 상상의 시계 3시 방향에 둔다.
  두뇌의 눈은 독서의 무게중심이다.
  (암시의 말: "빨·주·노·초·파·남·보! 쪽쪽 빨자!")
- 7줄의 무지개 속에 두뇌가 몰입하는 것을 시각화한다.
  (암시의 말 : "빨·주·노·초·파·남·보! 쪽쪽 빨자!")

3) 무지개 빛의 흐름과 두뇌의 눈으로 책 읽는 연습

- 1분 단위로 연습한다. 알람은 5초마다 울리게 맞춘다.
- 상상의 시계에 무게중심(두뇌의 눈)을 4시~5시 사이에 둔다.
  초강력 빨대를 가진 두뇌의 눈으로 무지개 7줄기의 빛을 빨아 당기는 상상을 한다.
- 흐름과 두뇌 눈(빨대)의 여운을 가지고 책을 읽는다.
- 흐름에 익숙하지 않을 경우 카드와 젓가락을 사용한다.
  · 카드를 오른손에 들고 글줄에 맞춘 다음 한 줄 한 줄 빠르고 정확하게 읽어 간다.

· 카드는 글줄을 정확하게 읽는데 도움이 된다.

· 책장은 넘기지 않고 같은 책장으로 반복하여 연습한다.

· 독서의 속도는 매 쪽을 5초의 속도로 읽어 내려간다.

· 60% 수준의 내용을 파악하기 위해 정확하게 읽어야 한다.

· 소리를 내어 읽거나 속으로 읽어도 제한 시간은 유지해야 한다.

· 100쪽의 책을 다 읽어도 그대로 눈을 감고 빛의 흐름과 두뇌의
  눈(빨대)을 4~5초간 상상한다.

－ 이번엔 카드 대신 긴 막대기나 젓가락을 사용한다.

· 1분간 연습. 알람은 5초마다 울리게 맞춘다.

· 상상의 시계에서 4시와 5시 사이 방향에 초강력 흡인력을 가진
  두뇌의 눈(빨대)으로 무지개 7줄기의 빛을 빨아 당기는 상상을
  한다.

· 무지개의 흐름과 두뇌 눈의 여운을 가지고 책을 읽는다.

· 이때 오른손으로 젓가락을 들고 글줄에 맞춘 다음 한 줄 한 줄
  빠르고 정확하게 읽어 간다. 이때 책장을 넘기지 않고 같은 책장
  을 반복하여 본다.

· 젓가락을 중앙에서 3~4cm만 움직여도 좋다. 단 젓가락을 왔다
  갔다 하지 말고 왼쪽에서 오른쪽으로 한 방향으로만 움직인다.

· 속도는 매 쪽을 5초의 속도로 읽어 내려간다.

· 속도보다 정확하게 읽어야 한다.

· 소리를 내어 읽거나 속으로 읽어도 제한 시간은 유지해야 한다.

· 책을 다 읽으면 그대로 눈을 감고 빛의 흐름과 두뇌의 눈(빨대)
  을 4~5초간 상상한다.

－ 이번에는 카드나 젓가락과 같은 도구를 사용하지 말고

· 오직 무지개 빛의 흐름과 두뇌의 눈으로만 책을 읽는다.

- 1분간 연습, 알람은 5초마다 울리게 맞춘다.
- 상상의 시계에서 4시와 5시 사이 방향에 초강력 흡인력을 가진 두뇌의 눈으로 무지개 7줄기의 빛을 빨아 당기는 상상을 한다. (빨대로 빛을 빨아 먹고 있다고 상상하자)
- 흐름과 두뇌 눈의 여운을 가지고 책을 읽는다.
- 무지개 빛의 흐름과 두뇌의 눈으로 한 줄 한 줄 빠르고 보고 빠르게 읽어 간다.
- 오른손으로 책장을 넘긴다.
- 속도는 매 쪽을 5초의 속도로 읽어 내려간다.
- 속도보다 내용을 파악하는데 신경을 써야 한다.
- 소리를 내어 읽거나 속으로 읽어도 제한 시간은 유지해야 한다.
- 책을 다 읽어도 그대로 눈을 감고 빛의 흐름과 두뇌의 눈을 4~5초간 상상한다.
- 무지개 빛의 흐름과 두뇌의 눈으로 책을 읽을 때 처음에는 좌우 상하 등, 시각의 흐름이 서투르고 글줄을 하나하나 또렷하게 읽지 못하게 되면 카드나 젓가락으로 도움을 받을 수 있다.
- 시각의 흐름이 유연해지고 익숙하게 되면 카드나 젓가락 없이 <기적의 파워리딩>을 연습해도 좋다.
- 시야에 잡히는 대로 글자를 소리내어 읽는다.
- 매 쪽은 10초 이내로 제한 시간을 철저히 지켜야 한다.
- 입술로 소리를 내거나 마음으로 소리를 내거나 상관없다. 두뇌 속이 쾅쾅 울릴 정도로 특히 전두엽과 해마가 울릴 정도로 큰 소리로 읽어야 한다.
- 빛의 흐름과 두뇌의 눈으로 글을 읽을 수 있을 단계가 지나면 빛의 흐름에 따라 음독(소리내어 읽기)하는 연습을 해야 한다.

　빛의 흐름으로 음독(소리내어 읽기)을 하게 되면 글 읽기의 집중력과 기억력이 높아지고 책 읽기의 즐거움과 만족을 느낄 수 있다. 음독을 하게 되면 표현력과 자신감도 향상되고 책을 정확하게 읽게 되어 글의 내용을 파악하는 수준이 높아진다.

(8) 나홀로 연습 7단계

- 호흡으로 연습하는 파워리딩호흡법

사람은 누구나 1분에 10회 정도 숨을 쉰다. 자투리 시간에 호흡을 의식하며 파워리딩을 연습하는 묵상법을 익혀보자!

평안한 자세로 앉아 조용히 눈을 감는다.

자신의 호흡을 바라보며 의식한다.

상상의 시계를 만들고 그 속에 현재 본인의 자세를 집어넣는다.

- 들숨에 아이브레인(빨대)을 상상한다.

12시를 중심으로 시계방향(1시방향)과 반시계방향(11시방향)으로 빛이 나누어 6시로 흘러들어가는 것을 상상한다. 동시에 6시에서 12시 방향(두뇌)으로 빛이 수직으로 차오르는 것을 느껴본다.

12시 방향으로 빛을 빨아 당긴다(빨대로 빛의 흐름을 쪽쪽 빨아라).

- 날숨에 무지개의 빛을 상상한다.

12시/0시를 지나가는 빛(빨)이 3시 방향으로

11시를 지나가는 빛(주)이 3시 방향으로

10시를 지나가는 빛(노)이 3시 방향으로

9시를 지나가는 빛(초)이 3시 방향으로

8시를 지나가는 빛(파)이 3시 방향으로

7시를 지나가는 빛(남)이 3시 방향으로

6시/6시를 지나가는 빛(보)이 3시 방향으로

왼쪽에서 오른쪽으로 빠르게 지나가는 무지개의 빛을 느껴본다.

－파워리딩 호흡으로 들숨과 날숨에 익숙해지면

들숨 5초, 날숨 5초

들숨 10초, 날숨 10초

들숨 20초, 날숨 20초

들숨 30초, 날숨 30초

이런 방식으로 호흡의 길이를 조금씩 늘려서 1분까지 늘려본다.

파워리딩 주간 점검표

| 연습일시 | | | 장소 | |

| 준 비 물 | |

구　분

연습 내용	연습 목표	월	화	수	목	금	토	일
심호흡	2~3번							
상상의 시계	1분							
두뇌바라보기	1분							
시계체조	1분							
흐름연습	3줄/1분 3회							
	5줄/1분 3회							
무지개빛흐름	7줄/1분 3회							
	21/28/49줄							
아이브레인	1분 2회							
흐름+아이브레인	1분 3회							
시폭 넓히기	수시로							
파워리딩 책 읽기 (훈련속도)	매 장 0.5초							
	매 장 1초							
	매 장 2초							
파워리딩으로 책 읽기(독서속도)	매 쪽 3초							
	매 쪽 5초							
	매 쪽 7초							
파워리딩호흡	수시로							
연습 중 변화 및 남기고 싶은 말								

파워리딩 주간 점검표

연습일시			장소	
준 비 물				

구　분

연습 내용	연습 목표	월	화	수	목	금	토	일
심호흡	2~3번							
상상의 시계	1분							
두뇌바라보기	1분							
시계체조	1분							
흐름연습	3줄/1분 3회							
	5줄/1분 3회							
무지개빛흐름	7줄/1분 3회							
	21/28/49줄							
아이브레인	1분 2회							
흐름+아이브레인	1분 3회							
시폭 넓히기	수시로							
파워리딩 책 읽기 (훈련속도)	매 장 0.5초							
	매 장 1초							
	매 장 2초							
파워리딩으로 책 읽기(독서속도)	매 쪽 3초							
	매 쪽 5초							
	매 쪽 7초							
파워리딩호흡	수시로							
연습 중 변화 및 남기고 싶은 말								

파워리딩 주간 점검표

연습일시			장소	
준 비 물				

구　　분

연습 내용	연습 목표	월	화	수	목	금	토	일
심호흡	2~3번							
상상의 시계	1분							
두뇌바라보기	1분							
시계체조	1분							
흐름연습	3줄/1분 3회							
	5줄/1분 3회							
무지개빛흐름	7줄/1분 3회							
	21/28/49줄							
아이브레인	1분 2회							
흐름+아이브레인	1분 3회							
시폭 넓히기	수시로							
파워리딩 책 읽기 (훈련속도)	매 장 0.5초							
	매 장 1초							
	매 장 2초							
파워리딩으로 책 읽기(독서속도)	매 쪽 3초							
	매 쪽 5초							
	매 쪽 7초							
파워리딩호흡	수시로							
연습 중 변화 및 남기고 싶은 말								

파워리딩 주간 점검표

연 습 일 시				장소			
준 비 물							

구 분

연습 내용	연습 목표	월	화	수	목	금	토	일
심호흡	2~3번							
상상의 시계	1분							
두뇌바라보기	1분							
시계체조	1분							
흐름연습	3줄/1분 3회							
	5줄/1분 3회							
무지개빛흐름	7줄/1분 3회							
	21/28/49줄							
아이브레인	1분 2회							
흐름+아이브레인	1분 3회							
시폭 넓히기	수시로							
파워리딩 책 읽기 (훈련속도)	매 장 0.5초							
	매 장 1초							
	매 장 2초							
파워리딩으로 책 읽기(독서속도)	매 쪽 3초							
	매 쪽 5초							
	매 쪽 7초							
파워리딩호흡	수시로							
연습 중 변화 및 남기고 싶은 말								

파워리딩 주간 점검표

연 습 일 시			장소	
준 비 물				

구 분

연습 내용	연습 목표	월	화	수	목	금	토	일
심호흡	2~3번							
상상의 시계	1분							
두뇌바라보기	1분							
시계체조	1분							
흐름연습	3줄/1분 3회							
	5줄/1분 3회							
무지개빛흐름	7줄/1분 3회							
	21/28/49줄							
아이브레인	1분 2회							
흐름+아이브레인	1분 3회							
시폭 넓히기	수시로							
파워리딩 책 읽기 (훈련속도)	매 장 0.5초							
	매 장 1초							
	매 장 2초							
파워리딩으로 책 읽기(독서속도)	매 쪽 3초							
	매 쪽 5초							
	매 쪽 7초							
파워리딩호흡	수시로							
연습 중 변화 및 남기고 싶은 말								

파워리딩 주간 점검표

연습일시			장소	
준 비 물				

구　분

연습 내용	연습 목표	월	화	수	목	금	토	일
심호흡	2~3번							
상상의 시계	1분							
두뇌바라보기	1분							
시계체조	1분							
흐름연습	3줄/1분 3회							
	5줄/1분 3회							
무지개빛흐름	7줄/1분 3회							
	21/28/49줄							
아이브레인	1분 2회							
흐름+아이브레인	1분 3회							
시폭 넓히기	수시로							
파워리딩 책 읽기 (훈련속도)	매 장 0.5초							
	매 장 1초							
	매 장 2초							
파워리딩으로 책 읽기(독서속도)	매 쪽 3초							
	매 쪽 5초							
	매 쪽 7초							
파워리딩호흡	수시로							
연습 중 변화 및 남기고 싶은 말								

파워리딩 주간 점검표

연 습 일 시				장소			
준 　 비 　 물							

구　　분

연습 내용	연습 목표	월	화	수	목	금	토	일
심호흡	2~3번							
상상의 시계	1분							
두뇌바라보기	1분							
시계체조	1분							
흐름연습	3줄/1분 3회							
	5줄/1분 3회							
무지개빛흐름	7줄/1분 3회							
	21/28/49줄							
아이브레인	1분 2회							
흐름+아이브레인	1분 3회							
시폭 넓히기	수시로							
파워리딩 책 읽기 (훈련속도)	매 장 0.5초							
	매 장 1초							
	매 장 2초							
파워리딩으로 책 읽기(독서속도)	매 쪽 3초							
	매 쪽 5초							
	매 쪽 7초							
파워리딩호흡	수시로							
연습 중 변화 및 남기고 싶은 말								

파워리딩 주간 점검표

연습일시			장소	
준 비 물				

구 분

연습 내용	연습 목표	월	화	수	목	금	토	일
심호흡	2~3번							
상상의 시계	1분							
두뇌바라보기	1분							
시계체조	1분							
흐름연습	3줄/1분 3회							
흐름연습	5줄/1분 3회							
무지개빛흐름	7줄/1분 3회							
무지개빛흐름	21/28/49줄							
아이브레인	1분 2회							
흐름+아이브레인	1분 3회							
시폭 넓히기	수시로							
파워리딩 책 읽기 (훈련속도)	매 장 0.5초							
파워리딩 책 읽기 (훈련속도)	매 장 1초							
파워리딩 책 읽기 (훈련속도)	매 장 2초							
파워리딩으로 책 읽기(독서속도)	매 쪽 3초							
파워리딩으로 책 읽기(독서속도)	매 쪽 5초							
파워리딩으로 책 읽기(독서속도)	매 쪽 7초							
파워리딩호흡	수시로							
연습 중 변화 및 남기고 싶은 말								

파워리딩 주간 점검표

연습일시			장소	
준 비 물				

<table>
<tr><td colspan="9" align="center">구　분</td></tr>
<tr><td>연습 내용</td><td>연습 목표</td><td>월</td><td>화</td><td>수</td><td>목</td><td>금</td><td>토</td><td>일</td></tr>
<tr><td>심호흡</td><td>2~3번</td><td></td><td></td><td></td><td></td><td></td><td></td><td></td></tr>
<tr><td>상상의 시계</td><td>1분</td><td></td><td></td><td></td><td></td><td></td><td></td><td></td></tr>
<tr><td>두뇌바라보기</td><td>1분</td><td></td><td></td><td></td><td></td><td></td><td></td><td></td></tr>
<tr><td>시계체조</td><td>1분</td><td></td><td></td><td></td><td></td><td></td><td></td><td></td></tr>
<tr><td rowspan="2">흐름연습</td><td>3줄/1분 3회</td><td></td><td></td><td></td><td></td><td></td><td></td><td></td></tr>
<tr><td>5줄/1분 3회</td><td></td><td></td><td></td><td></td><td></td><td></td><td></td></tr>
<tr><td rowspan="2">무지개빛흐름</td><td>7줄/1분 3회</td><td></td><td></td><td></td><td></td><td></td><td></td><td></td></tr>
<tr><td>21/28/49줄</td><td></td><td></td><td></td><td></td><td></td><td></td><td></td></tr>
<tr><td>아이브레인</td><td>1분 2회</td><td></td><td></td><td></td><td></td><td></td><td></td><td></td></tr>
<tr><td>흐름+아이브레인</td><td>1분 3회</td><td></td><td></td><td></td><td></td><td></td><td></td><td></td></tr>
<tr><td>시폭 넓히기</td><td>수시로</td><td></td><td></td><td></td><td></td><td></td><td></td><td></td></tr>
<tr><td rowspan="3">파워리딩 책 읽기
(훈련속도)</td><td>매 장 0.5초</td><td></td><td></td><td></td><td></td><td></td><td></td><td></td></tr>
<tr><td>매 장 1초</td><td></td><td></td><td></td><td></td><td></td><td></td><td></td></tr>
<tr><td>매 장 2초</td><td></td><td></td><td></td><td></td><td></td><td></td><td></td></tr>
<tr><td rowspan="3">파워리딩으로
책 읽기(독서속도)</td><td>매 쪽 3초</td><td></td><td></td><td></td><td></td><td></td><td></td><td></td></tr>
<tr><td>매 쪽 5초</td><td></td><td></td><td></td><td></td><td></td><td></td><td></td></tr>
<tr><td>매 쪽 7초</td><td></td><td></td><td></td><td></td><td></td><td></td><td></td></tr>
<tr><td>파워리딩호흡</td><td>수시로</td><td></td><td></td><td></td><td></td><td></td><td></td><td></td></tr>
<tr><td>연습 중 변화 및
남기고 싶은 말</td><td colspan="8"></td></tr>
</table>

파워리딩 주간 점검표

연습일시			장소	
준 비 물				

구 분

연습 내용	연습 목표	월	화	수	목	금	토	일
심호흡	2~3번							
상상의 시계	1분							
두뇌바라보기	1분							
시계체조	1분							
흐름연습	3줄/1분 3회							
	5줄/1분 3회							
무지개빛흐름	7줄/1분 3회							
	21/28/49줄							
아이브레인	1분 2회							
흐름+아이브레인	1분 3회							
시폭 넓히기	수시로							
파워리딩 책 읽기 (훈련속도)	매 장 0.5초							
	매 장 1초							
	매 장 2초							
파워리딩으로 책 읽기(독서속도)	매 쪽 3초							
	매 쪽 5초							
	매 쪽 7초							
파워리딩호흡	수시로							
연습 중 변화 및 남기고 싶은 말								

책 읽기 전략, 7C

대학로나 놀이동산에서 인물화를 그려 주는 길거리 화가를 쉽게 만날 수 있다. 인물화를 그리는 모습을 보면 먼저 전체적인 구도를 잡는다. 그리고 눈과 코 등 부분적으로 그리면서 전체적인 틀을 보완한다. 마지막으로 작은 부분까지 섬세하게 마무리하면서 그림을 완성한다.

독서는 그림을 그리는 기술과 같다. 그림을 그리듯이 독서도 사전조사를 통해 전체를 이해하고 세밀한 부분은 조각 맞추듯 전체와 연관을 지으며 꼭 필요한 부분은 정밀하게 마무리하는 단계적이며 전략적인 접근이 필요하다.

(1) Choice/ 책을 잘 선정해야 한다.

—재미있어야 한다.
—관심이 있어야 한다.
—글이 조잡하지 않아야 한다.

─검증받은 작가나 유명인의 글이면 좋다.

─책이 얇아야 한다.(250~300쪽 미만)

─자신의 독서수준에 맞아야 한다.

─구어체 문장이면 더욱 좋다.

─책 속에 일관성이 있는 프로그램이 있어야 한다.

─정기적으로 서점을 다니면서 책을 보는 안목을 키운다.

─책을 고르는 실패를 많이 경험해야 책을 잘 고른다.

─100쪽을 읽어도 흥미가 없고 내용이 없으면 책을 과감하게 버려라!

(2) Case / 책을 읽는 방법은 다양하다.

책을 읽는 방법은 다양하기 때문에 독서의 목적에 따라 독서의 방법을 달리하면 전략적으로 책을 읽을 수 있다.

1) 파워통독/ 훑어보기

글이나 책의 순서에 따라 차근차근 빠짐없이 빠르게 읽어가는 방법이다. 숲을 보듯 전체를 빠르게 읽고 매 쪽마다 0.5~2초안에 읽기를 마친다. 책을 마치 그림 보듯 처음부터 끝까지 가벼운 마음으로 책을 읽는다.

2) 파워리딩/빛의 흐름에 따라 음독

파워통독이 숲을 보는 독서법이라면 파워리딩은 나무를 보듯 하나하나 살피는 독서법이다. 이해수준은 70% 이상으로 정해서 속도를 조절한다. 책장의 쪽마다 3~10초 이내로 시간제한을 두고 책의 내용이나 수준에 따라 시간을 조절한다. 파워리딩은 매쪽 10초를 넘기지 말아야 한다. 독서속도가 매 쪽 10초가 넘으면 옛날 독서습관이 살아난다. 따라서 시간을 엄수해야 한다.

3) 파워선독(적독)

책 중에 필요한 부분만 골라 읽는 조사용 독서법이다. 통독이나 파워리딩을 통해 관심이 쏠리는 부분이나 핵심을 찾아 정밀하게 읽는다. 책장의 쪽마다 10초 이상의 여유를 가지고 책 읽기를 권하고 글의 맛을 충분히 느껴야 한다.

4) 음 독(소리내어 읽기)

음독이란 책을 읽을 때 음성으로(음독) 입술로(순독) 또는 생각으로(심독) 소리를 내서 읽는 방법을 말한다. 음독은 문자나 말을 스스로 확인하면서 읽게 되므로 정확한 발음, 발음의 강약 등을 연습할 때 좋다. 유치원 어린이나 초등학교 저학년 어린이들이 음독을 주로 한다. 시와 동요 같은 짧은 운문으로 된 글은 음독으로 읽는 것이 효과적이다. 음독을 하면 집중력과 기억력을 높이고 재미와 책 읽는 만족감도 느낄 수 있다.

5) 묵 독(속으로 읽기)

책을 읽을 때 소리를 내지 않고 눈과 마음속으로 읽는 독서법이다. 다른 사람에게 방해가 되지 않는 읽기 방법입니다. 글자를 완전히 익힌 사람은 대부분 묵독을 하게 된다.

6) 지 독

시간에 관계없이 책을 천천히 골똘히 생각하며 읽는 독서법이다. 책의 내용을 충분히 음미하고 다른 노트에 정리하고 자신의 생각까지 적어가면서 책을 읽는다.

7) 목적독서

'사람은 자기가 듣고 싶은 것만 듣고 보고 싶은 것만 본다'란 말이 있다. 본다와 보인다가 차이가 있듯이 의도적으로 보려고 할 때 더 빠르고 정확하게 핵심을 찾을 수가 있다. 막연히 책을 읽는 것보다 왜 읽어야하고 이 책에서 무엇을 얻어야 할지를 미리 정리하고 책을 읽는 방법이다. 목적독서를 위하여 책에 대한 사전조사를 잘 해야 한다.

8) 다 독

여러 종류의 책을 골고루 많이 읽는 독서법이다. 여러 종류의 책을 폭넓게 읽으면 그만큼 시야도 넓어지고 다방면에 걸친 지식을 갖추게 됩니다. 어린 시절에는 여러 분야의 책을 골고루 많이 읽는 것이 좋습니다.

9) 정 독

책이나 글을 주의 깊게 읽는 독서법이다. 조급하게 읽는 것보다 천천히 글 속에 담긴 뜻을 맛보면서 읽는 방법입니다. 글속에 담김 뜻을 완전히 파악해야 할 필요가 있을 때 사용하는 독서법이다.

(3) Control/제한시간!

책을 읽을 때에 시간계획을 먼저 세워라! 책을 읽기 시작해서 덮는 순간까지가 책을 읽는 시간이 아니다. "내가 1시간 안에 이 책을 읽겠다"라는 시간계획을 가지고 책을 읽으면 효과적이다.

<파워리딩>은 책 한 권을 적어도 3번 이상 읽는 독서법이다. 매 쪽을 0.5~2초 안에 훑어보는 파워통독으로 한 번 매 쪽을 10초안에 이해하는 파워리딩으로 그리고 파워선독으로 정밀하게 읽는다.

책 한 권을 적어도 3번 이상 읽으려면 두뇌는 시키는 대로 작동한다는 특성을 최대한 활용해야 한다. 매 책장마다 제한 시간을 두고 주어진 시간 안에 읽어 낸다. 책장을 대할 때 명령을 내린다.

"나는 매 책장마다 5초안에(3초안에, 7초안에) 읽는다."

시간조절은 책의 수준이나 독서방법에 따라 적합하게 실시한다. 일정한 '초'가 되면 알람이 울리는 초시계나 메트로놈(박자기)을 준비한다. 제한 시간이 되어 알람이 울리게 되면 무조건 다음 장으로 넘어간다. 제한 시간 방법으로 연습하다 보면 두뇌가 제한 시간에 적응하기 시작하며 글을 빠르게 읽을 수 있다.

시간은 상대적이다!

(4) Clue/단서를 찾아라!

독서를 준비하는 단계로 글의 내용이나 전개과정에서 실마리를 찾는 경우를 말한다. 책을 읽는 시간이 없는 경우, 서점에서 저자의 저술의도를 파악하기 위해서 이 방법을 이용할 수 있다. 책의 단서를 찾기 위해서 책의 겉표지나 머리말, 목차, 인덱스를 잘 조사해야 한다. 서평이나 책 안내와 관련한 글을 미리 입수해서 사전에 검토하는 것도 도움이 된다.

신문이나 잡지의 경우, 큰 활자나 굵은 글씨 또는 박스로 처리된 내용을 세밀하게 읽어보면 전체적인 글의 의도를 쉽게 파악할 수 있다.

‘단서를 찾아라!’는 책의 요점정리라고 할 수 있다.

내용파악은 책을 읽고 난 후에 하는 작업이라 생각하기 쉽지만 책의 핵심을 미리 파악하고 나면 책을 읽기가 훨씬 쉬워지고 시간도 절약할 수 있다.

(5) Contents/전체를 살펴라!

기적의 파워리딩을 위한 준비 작업 중 하나로 숲을 바라보듯 가벼운 마음으로 책의 전체를 살펴본다. 학창시절 새 교과서를 받아들고 너무나 즐거워하던 때가 생각난다. 책의 겉표지가 더러워 질까봐 열심히 달력으로 옷을 입히긴 해도 교과서의 내용은 제대로 훑어보지 않았다. ‘전체를 살펴라!’는 교과서를 받자마자 우선, 처음부터 끝까지 주~욱 읽어보는 파워통독 단계이다.

‘전체를 살펴라!’에서는 새로운 책이든 읽을거리가 있으면 파워통독으로 처음부터 끝까지 넘겨보는 작업이다. 파워통독이라 하면 매 쪽마다 0.5-2초 정도 시간제한을 두고 글의 내용 전체를 살펴보는 것이다. 그러면서 글의 전체 흐름과 구성을 파악하며 저자의 의도도 엿보는 작업이다. 파워통독으로 전체를 살펴만 봐도 책에 길이 나고 무의식적으로 책의 내용과 친숙해진다. 전체를 살피는 일은 마치 그림책을 보듯이 가벼운 마음으로 책을 대하는 작업이다.

일본의 이케가야 유우지 박사는 『뇌』라는 저서에서 뇌가 좋아하는 성향은 먼저 전체적으로 파악하고 점진적으로 세부사항을 이해하는 것이라고 말한다.

“단편 지식은 바로 기억에서 사라진다 … 우선 전체적으로 이해하고 … 처음에는 대략적으로 이해 … 세부사항은 그 후에 조금씩…”

(『뇌』, 이케가야 유우지, 지상사)

기적의 파워리딩을 하기 전에 책의 내용에 대한 단서를 찾거나 전체적인 흐름을 파악하고 자신의 글로 나름대로 재구성해보기도 하고 글에 담긴 내용으로 답변할 수 있는 질문을 자기 스스로 만들어 보기를 시도한다. '저자는 무슨 의도로 이렇게 썼을까?'라는 질문을 끊임없이 한다. 글이나 책의 내용과 친숙해지는 작업은 파워리딩을 할 때 내용을 쉽게 파악할 수 있게 하고 자신이 만든 질문에 대한 해답을 찾기 위해 독서의 목적을 뚜렷이 갖게 한다.

(6) Core/핵심을 찾아라!

독서의 목적은 바로 책이나 글의 핵심을 찾아 이해하는 일이다. 계란 노른자와 같이 가장 눈에 띄고 글이나 책의 내용이 집약된 부분을 찾아내는 단계이다. 아무리 짧은 글이라 해도 모든 글이 중요할 수는 없다. 명제는 짧지만 그 설명은 길듯이 글이 내용이 집약된 핵심어, 핵심문장 또는 핵심문단, 핵심의 장을 찾아내야 한다. 빠른 속도로 독서할 때 책의 내용을 완벽하게 이해하지는 못해도 내용의 중요도를 정확하게 구분하고 표시만 할 수 있어도 파워리딩이 상당히 높은 수준에 이르렀다고 말을 할 수 있다.

'보통, 책 중의 핵심은 15~20 % 정도에 집중되어 있다'고 독서가인 공병호씨나 소설가인 정을병씨는 주장한다. 『80/20 법칙』의 저자 리처드 코치도 옥스퍼드 대학시절의 지도교수의 말을 인용하면,

"한 권의 책에서 찾을 수 있는 가치는 20%에 몰려 있다"고 말한다.

그리고 "책을 더 빠르게 읽는 방법이 있습니다. 절대로 책을 처음부터 끝까지 읽지 말도록 하십시오. 책을 읽을 때는 먼저 그 책이 뭘 전달하려는지 요점부터 파악해야 합니다. 따라서 결론을 먼저 읽고 나서

서론을 보고 그리고 또다시 결론을 본 후에 관심 있는 부분만을 가볍게 훑어보는 것이 가장 효과적인 방법입니다.”

(『20/80 법칙』, 리처드 코치, 21세기북스)

(7) Closing/마인드맵으로 정리하라!

책이나 글을 읽은 후에는 반듯이 한 줄이라도 정리하라. 중국 송나라의 문인, 구양수는 '많이 읽고 많이 생각하고 많이 쓰라'고 말한다.

책을 읽은 뒤에 정리하는 것은 자기 나름대로 생각하고 쓰는 방법이다. 글을 정리하는 가장 좋은 방법으로 마인드맵을 강력히 추천한다. 토니 부잔이 창안한 마인드맵은 노트정리나 기획을 한꺼번에 표현할 수 있는 새로운 차원의 노트기법이다.

마인드맵은 우리 자신의 잠재력을 일깨우는 강렬한 인상을 주는 그래픽기법이며 독서나 연구 또는 학습에 적용될 수 있다. 마인드맵은 뇌 신경회로를 모델로 만든 자연스런 정리 방법이기 때문에 시각적 이미지라든지 전체적으로 연결하는 구성이 뛰어나서 기억력을 높이고 창의적인 기획을 세우는데 도움이 된다.

참고로 인터넷 교육방송(ebs) 중학교 2학년 방에 들어가면 마인드맵 강좌를 무료로 들을 수 있다.

※마인드맵 그리는 규칙
(1) 페이지 중앙에 채색된 이미지를 놓는다.
(2) 주요 아이디어들의 가지(선)를 만든다.
(3) 주요 아이디어는 부수적인 것보다 큰 글씨로 쓴다.
(4) 한 가지에는 하나의 핵심어만 쓴다.

(5) 단어는 아주 뚜렷하게 쓴다.

(6) 단어는 가지 위에 써 준다.

(7) 선들은 서로 연결되어야 한다.

(8) 가능한 이미지(그림)를 많이 사용한다.

(9) 가능하면 이미지를 입체화한다.

(10) 숫자나 기호를 사용하거나 사물을 순서대로 배열하고 연결 관계
     를 표시한다.

(11) 표시나 연결을 위해 화살표, 상징물, 숫자, 문자, 이미지, 색상,
     입체감, 윤곽선 등을 활용한다.
     (빠르게 읽고 정확히 이해하기, 토니 부잔, 사계절)

〈기적의 파워리딩〉 체험기

<기적의 파워리딩>은 흐름으로 시작해서 흐름으로 끝난다. 파워리딩의 역동적인 흐름을 터득한 순간을 지금도 생생하게 기억한다.

2004년 2월 16일 월요일 아침 9시 30분, 스튜디오에서 프로그램을 녹음하던 중이었고 노래가 흐르는 동안 잠시 흐름을 상상했는데 7줄기 빛의 흐름이 눈앞에서 펼쳐졌다. 단순한 빛이 아니라 역동적으로 빠르게 흐르는 빛이었다. 눈을 감아도 눈을 뜨고 있어도 흐름을 의식할 때마다 빛의 흐름은 사라질 줄 모르고 계속 보였다. 생생하고 역동적인 빛의 흐름이 체득되는 순간이었다. 그 이후부터 흐름을 생생하게 느끼게 되었고 그런 역동적인 흐름 위에 정보(=글자)를 올리며 독서에 적용하면서 기적의 파워리딩이 시작되었다.

기적의 파워리딩을 할 때에 두뇌에서 새로운 변화가 일어나는 것을 강하게 느꼈다. 도대체 두뇌 속에서 무슨 일이 벌어지고 있는지를 자세히 알고 싶어서 뇌에 관한 책을 읽기 시작했고 독서기술에 관한 책도 탐독했다.

창세기부터 요한계시록까지 성경책을 단번에 통독하고 싶어서 속독을 시작하게 되었다.

처음 속독을 접하던 시기는 80년도에 박화엽씨의 속독법이 유행하던 때였다. 그 당시 안구운동 속독법은 세간에 널리 알려져 있었지만 노력만큼 결과는 만족스럽지 못했다. 훈련도 자연스럽지 않아서 하다 말다 흐지부지해졌다.

그러던 중 미국에 갈 기회가 있어서 뭔가 한 가지 기술을 배워서 출국하고 싶었다. 마침 <4차원 두뇌 속독법>을 알게 되면서 김영철 선생과 인연을 맺게 된다. 기본교육이 3시간씩 7일 동안 진행되었는데 비행기 예매로 인해서 4일 정도만 교육받고 아쉽지만 나머지는 미국에 가서 나 홀로 연습했다. 미국 시카고의 어느 조그만 스튜디오에서 나 홀로 연습을 할 때였는데 안구운동으로 속독을 하던 때보다 책이 빠르고 정확하게 읽혀지는 바람에 흥분을 감출 수 없었다.

그때 성경 마태복음을 읽는데 20분이 걸렸고 이해수준은 20~30%이였다. 귀국해서 10년 만에 다시 만난 김영철 선생은<4차원 두뇌 속독법>을 완성했고 다시 새로운 교육에 참여한 지 2일 만에 역동적인 빛의 흐름을 터득했다. 안구운동법은 훈련 자체도 부자연스럽고 훈련기간도 길어서 혼자서 마스터하기가 쉽지가 않다.

그러나 <기적의 파워리딩>은 원리도 간단하고 연습방법도 쉬워서 얼마든지 혼자서 연습할 수 있다.『4배속 음독(音讀) 기적의 파워리딩』에 관심이 있고 나도 할 수 있다는 확신만 있다면 누구나 혼자서 마스터할 수 있다

<기적의 파워리딩>에 익숙해지기 위하여 많은 책을 읽어야 한다. <기적의 파워리딩>으로 하루에 1시간 이상 책이나 글을 읽으면서 독서의 새로운 습관을 만들어야 한다. 하루에 한 권을, 한 시간에 한 권

의 책을 읽겠다는 독서의 목표를 세우고 실천하기를 바란다.

<기적의 파워리딩>으로 독서습관을 만들면,

1) 우선 독서방법이 다양해진다.

2) 책을 가까이 하게 되고 독서를 즐기게 된다. 책을 하루에 한 권씩 읽는 습관을 갖게 된다.

3) 집중하는 습관이 생겼다. 한 곳에 오랫동안 몰입할 수 있게 된다.

4) 신경이 민감해 진다. 주의력이 예민해진다는 뜻이다.

5) 말을 느끼기 시작했다. 의식이 말의 흐름에 집중되면서 사용되고 있는 단어들이 느낌으로 다가온다.

6) 내부 대화가 많아진다. 내부세계로 의식을 집중하는 시간이 늘어나고 내 자신과의 내부 대화가 많아진다.

7) 자신감이 생겨난다. 나이가 들면서 위축된 마음에 자신감을 회복하면서 새로운 상황에 대한 도전의식이 되살아난다.

(1) 〈기적의 파워리딩〉으로 책을 읽고 또 읽자!

성경을 한자리에서 통독을 하게 되면 하나님의 말씀에 몰입하게 되고 성경 전체적인 흐름 속에서 하나님의 영감을 느낄 수 있다.

성경을 열심히 통독해야겠다는 결심을 하게 된 계기가 있다. 방송 초대 손님으로 만난 사람은 서울경찰청에서 교통 관련 분야에서 일하는 경찰관인데 서울 시내에서 월드컵이나 국제회의가 있으면 교통 통제를 담당한다.

이전에는 서울시내에서 마라톤 행사가 있으면 42.195 킬로미터 전 지역을 일괄 통제했다. 그러나 요즘 서울시내에 차량도 늘어나고 길도 복잡해져서 아무리 국제적인 행사라고 해도 교통을 전면적으로 통제하면 서울 전역이 교통대란을 겪게 된다는 이야기다.

따라서 행사 시간에 따라 적절하게 부분적으로 통제를 하게 되는데 부분 통제를 하려면 우회도로나 대체도로 등, 도로 연결 상황을 훤히 알고 있어야 한다. 도로의 통제를 담당하는 이 경찰관은 10년 정도 같은 분야에서 일해 왔다고 한다. 그래서 거미줄과 같이 복잡한 서울 시내의 도로를 손바닥 보듯 훤히 알고 있는 비결이 뭐냐고 물어보니까, 이 경찰관은 웃으면서 지난 10년 동안, 서울 지도책 10권을 낡아서 버렸다고 말했다.

그 말을 듣는 순간 크게 깨닫게 되었다. 서울 지도책을 얼마나 보고 연구했기에 1년만에 한 권의 책이 낡아서 못 볼 정도일까? 하물며 인생의 지도라고 할 수 있는 성경은 얼마나 깨끗하게 사용을 했는지 수십 년이 지나도 낡지도 않고 깨끗하니… 그래서 <기적의 파워리딩>으로 성경 말씀을 더 열심히 통독하게 되었다.

<기적의 파워리딩>은 두뇌의 힘을 키워서 독서를 하고 싶은 마음을 만들고 강력한 독서력을 통해 생각하는 힘을 자라게 한다. 사회를 바꾸는 혁명보다 힘든 것이 나를 변화시키는 것이라고 한다. <기적의 파워리딩>으로 자신을 새롭게 바꾸는 신나고 놀라운 체험을 하길 바란다.

요즘 학생들이 읽기능력이 상당히 뒤떨어진다고 한다. 컴퓨터나 TV와 시청에 많은 시간을 투자하는 영상의 시대를 살다보니 읽기 능력이 떨어질 수밖에 없다.

대학입학을 위한 시험을 치른 학생들 이야기를 들어보면 시험 중에 지문을 충분히 읽을 수 있는 시간이 모자란다고 한다. 지문을 읽어야 문제에 대한 답을 적을 텐데 그렇지 못하다는 이야기다. 그래서 문제를 먼저 읽고 답을 찾기 위하여 지문을 읽는다고 한다. 지문을 읽기 위해서는 1분에 1000자 이상을 읽을 수 있는 능력이 있어야 하는데 독서 훈련이 안되어 있으니 1분에 500~600자 밖에 소화를 못하니 시간이 모자를 수밖에 없다. 1분에 1000자를 읽는 수준은 어린시절부터 독서 습관을 가지고 꾸준히 읽어야 하고 적어도 1000권 이상의 책을 읽어야 나타나는 수준이다.

읽기능력을 향상시키기 위하여 많은 책을 읽어야 한다. 그리고 어린 시절부터 책을 꾸준히 읽어야 한다. 습관적인 독서프로그램이 없다면 <기적의 파워리딩>프로그램을 두뇌에 입력해야 한다.

책을 읽는 것은 성공으로 달려가는 지름길이다. 책을 읽는 것은 리더 (Leader)가 가야할 길이다. <기적의 파워리딩>를 통하여 두뇌력과 독서 려겨 그리고 사고력이 강해진 Reader들이 많이 나타나기를 기대한다.

Reader＝Leader이다.(파워리더)

〈기적의 파워리딩〉 연습하기!

12
11
1
10
2
9
3
8
4
7
6
5

"흐름이 뚜렷하게 보인다!"

"흐름이 또렷하게 보인다!"

"흐름이 뚜렷하게 보인다!"

"흐름이 또렷하게 보인다!"

11 12 1
10 2
9 3
8 4
7 6 5
"흐름이 뚜렷하게 보인다!"

"흐름이 또렷하게 보인다!"

"흐름이 뚜렷하게 보인다!"

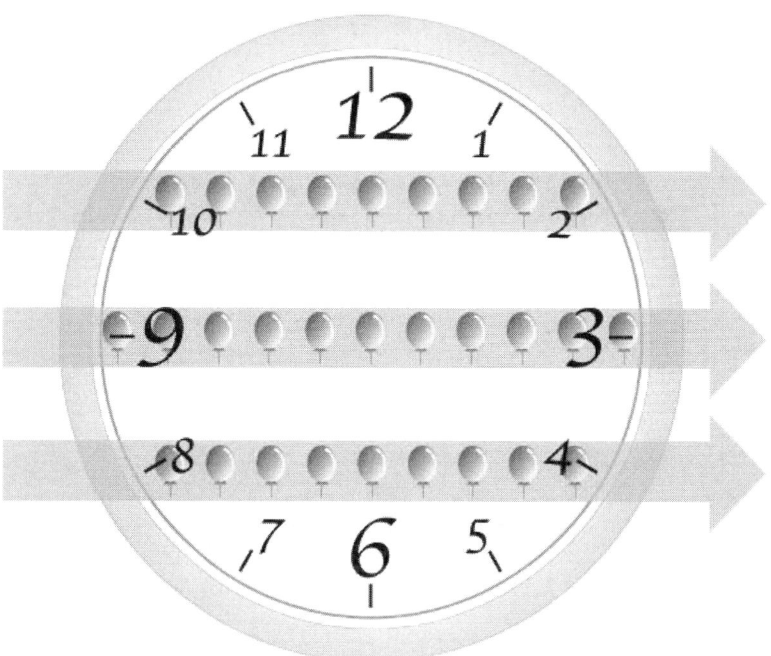

"흐름이 뚜렷하게 보인다!"

"흐름이 뚜렷하게 보인다!"

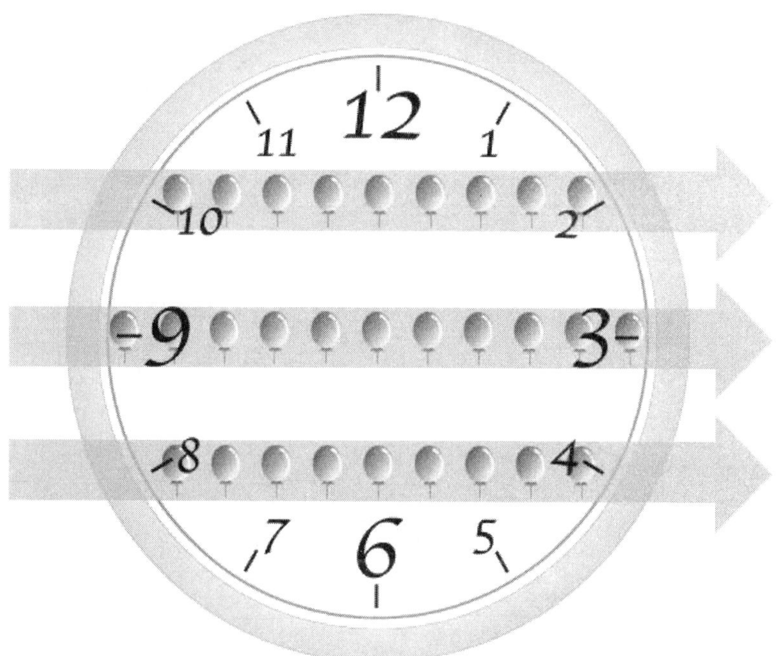

"흐름이 뚜렷하게 보인다!"

"흐름이 또렷하게 보인다!"

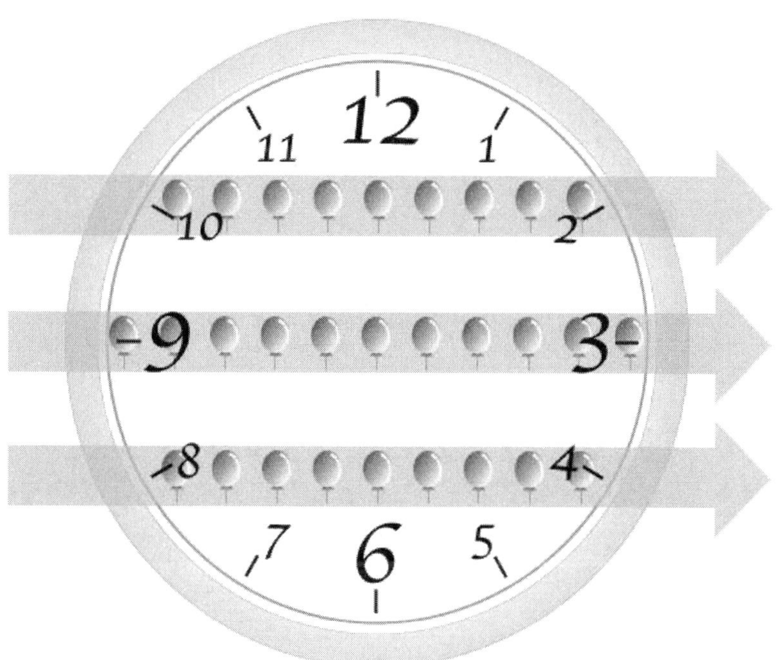

"흐름이 뚜렷하게 보인다!"

"흐름이 뚜렷하게 보인다!"

"흐름이 뚜렷하게 보인다!"

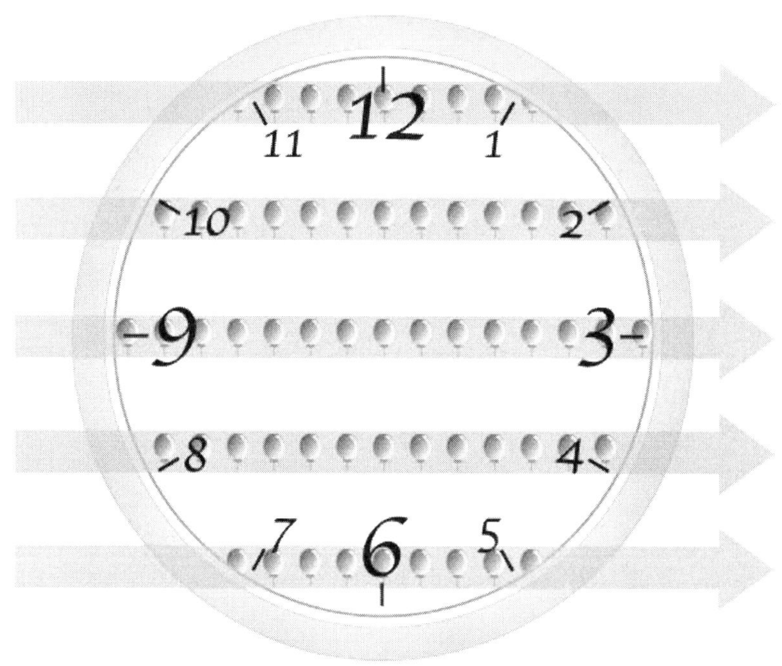

"흐름이 뚜렷하게 보인다!"

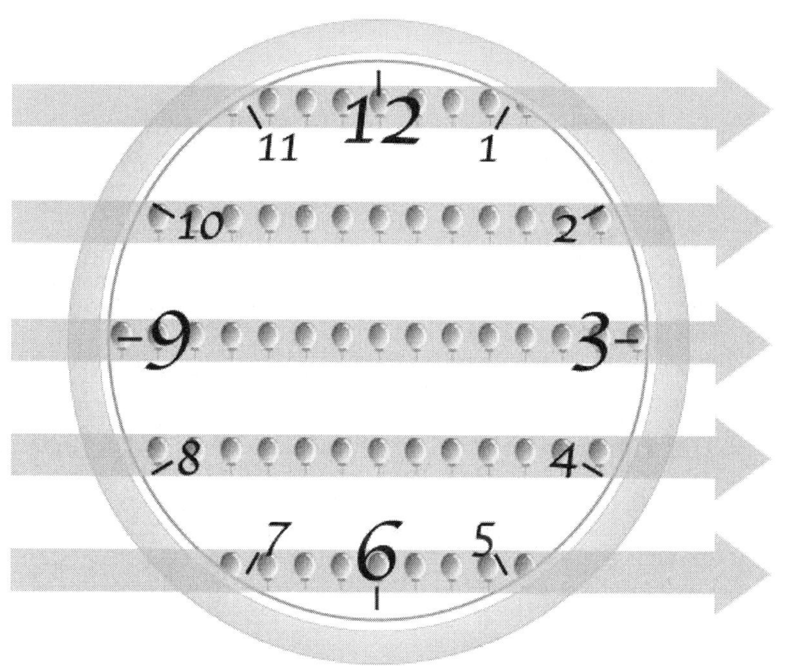

"흐름이 또렷하게 보인다!"

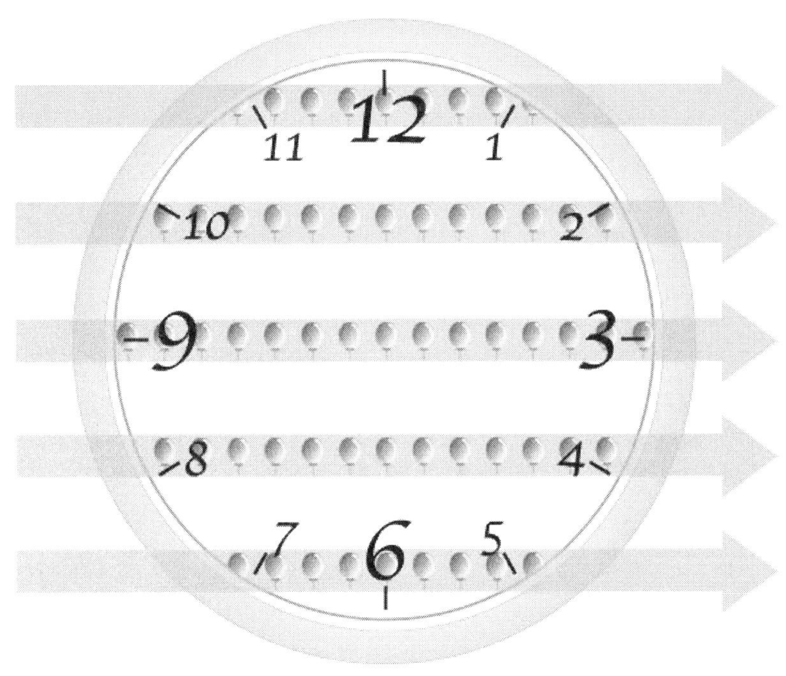

"흐름이 또렷하게 보인다!"

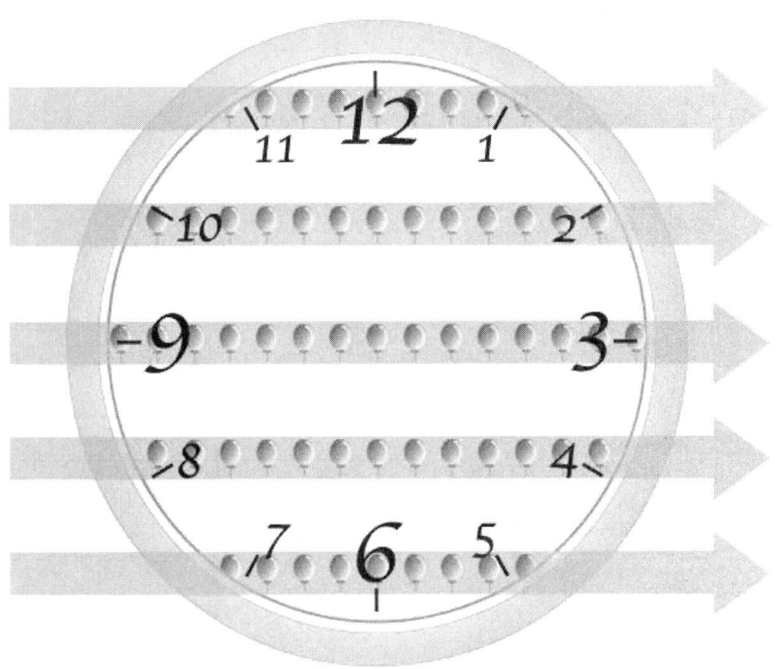

"흐름이 뚜렷하게 보인다!"

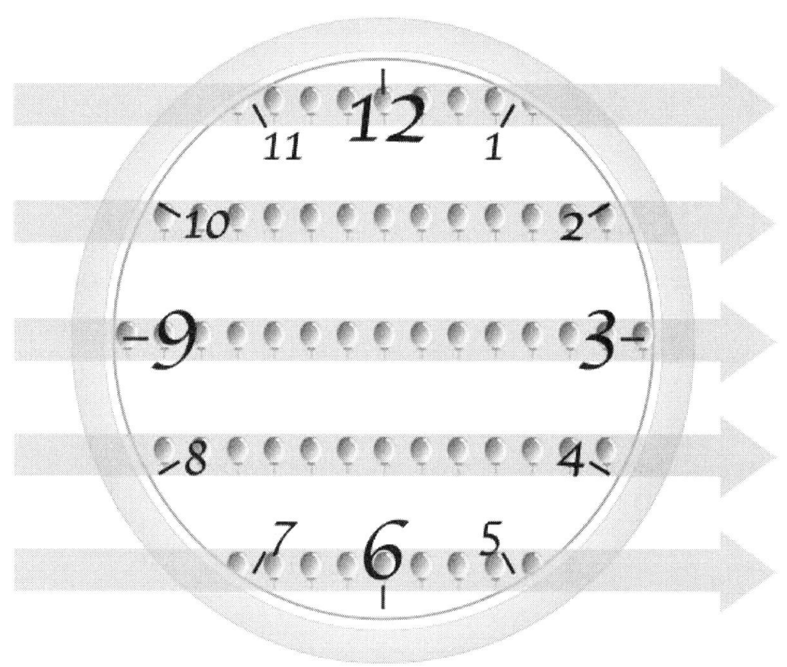

"흐름이 뚜렷하게 보인다!"

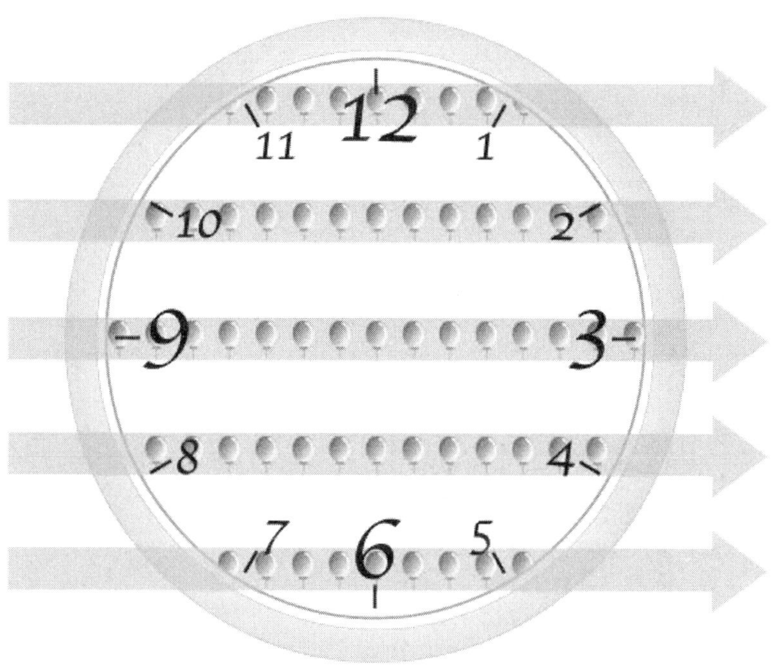

"흐름이 또렷하게 보인다!"

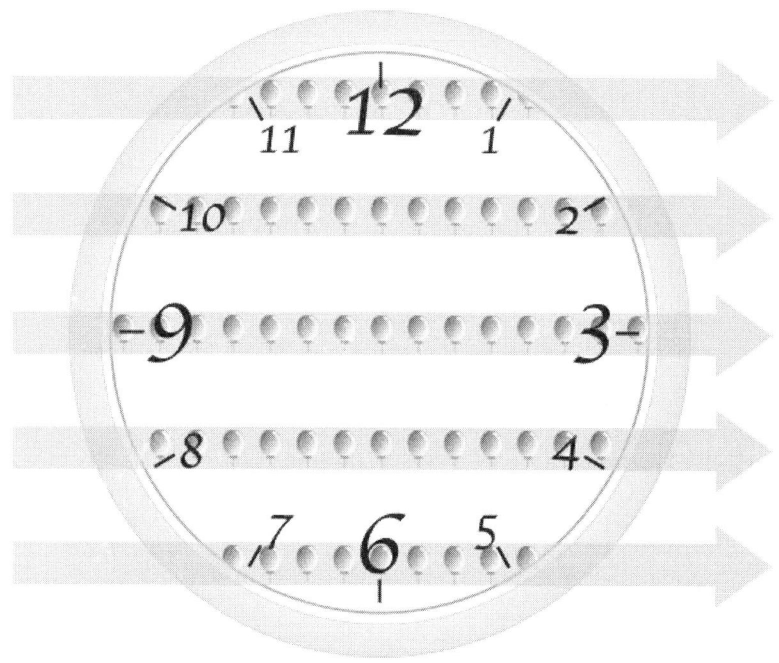

"흐름이 또렷하게 보인다!"

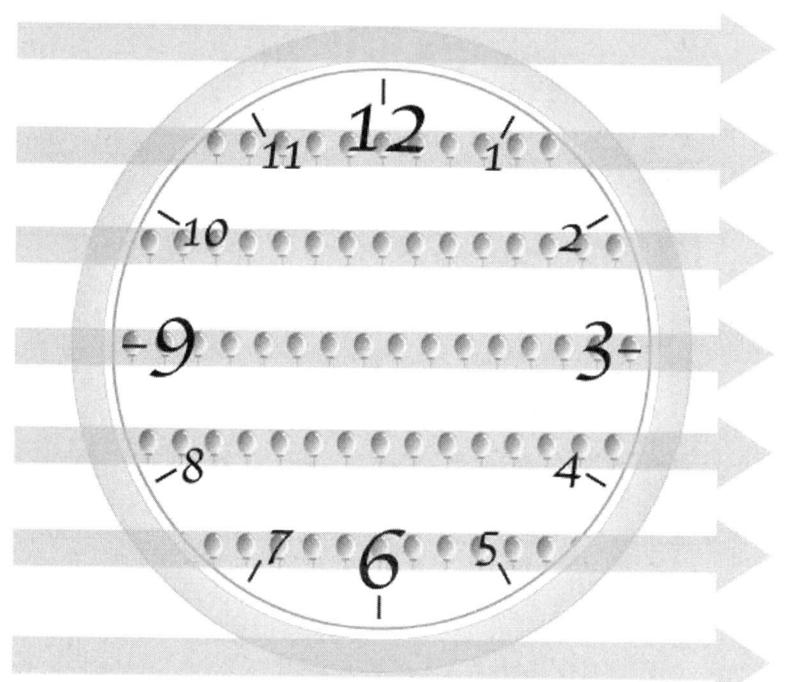

"빨주노초파남보! 레인보우!"

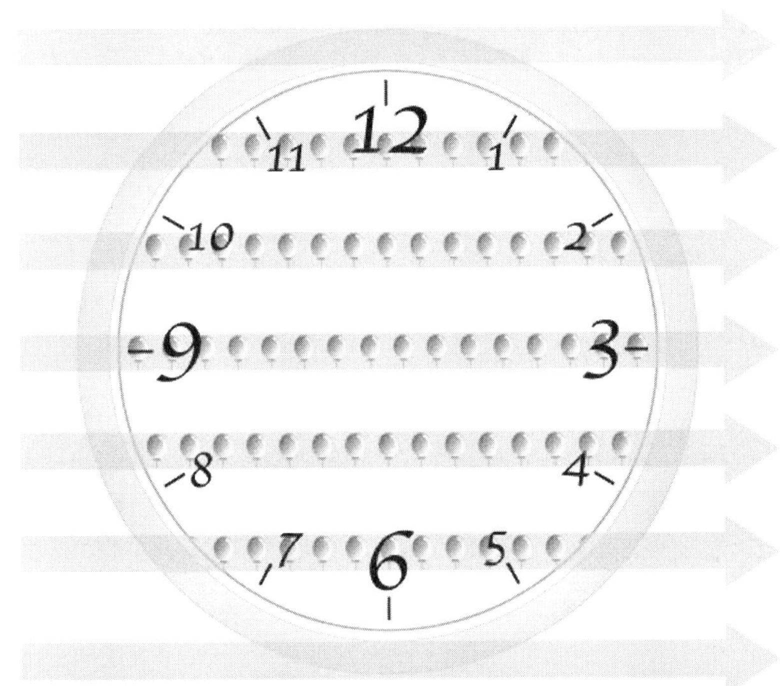

12
11
1
10
2
9
3
8
4
7
6
5

"빨주노초파남보! 레인보우!"

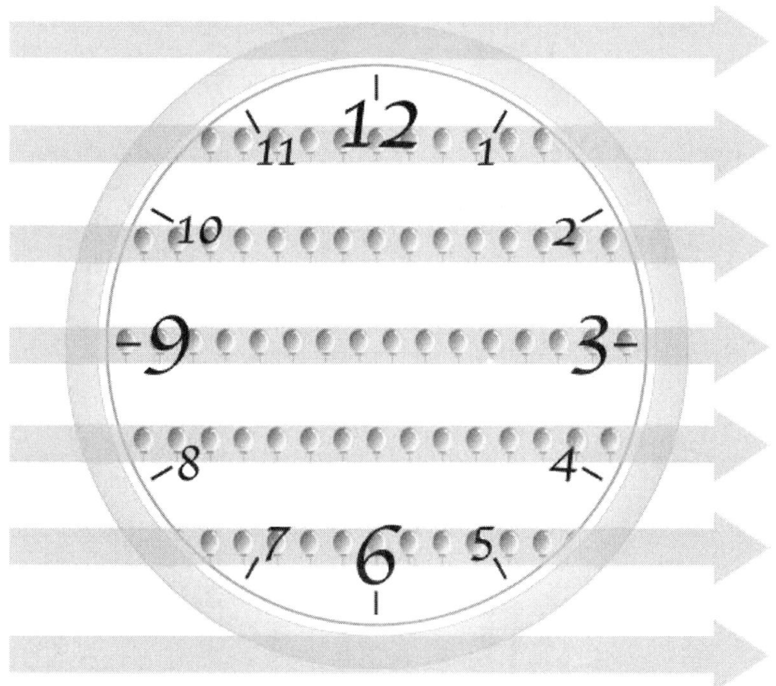

"빨주노초파남보! 레인보우!"

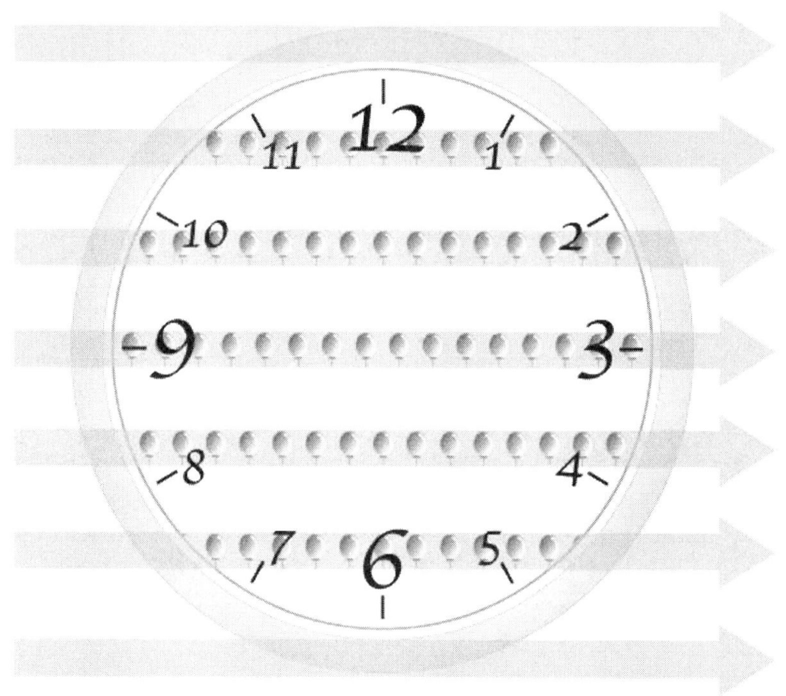
11
12
1
10
2
9
3
8
4
7
6
5

"빨주노초파남보! 레인보우!"

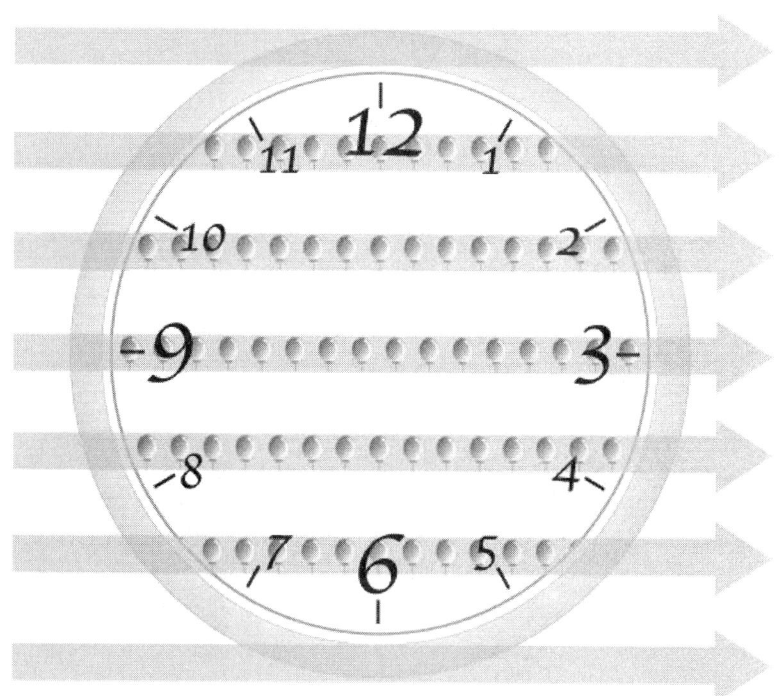

"빨주노초파남보! 레인보우!"

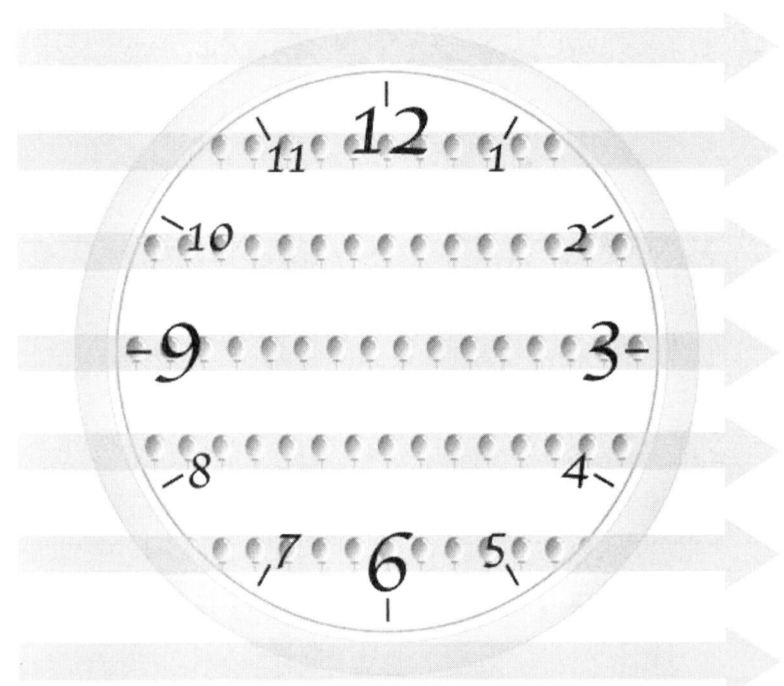

"빨주노초파남보! 레인보우!"

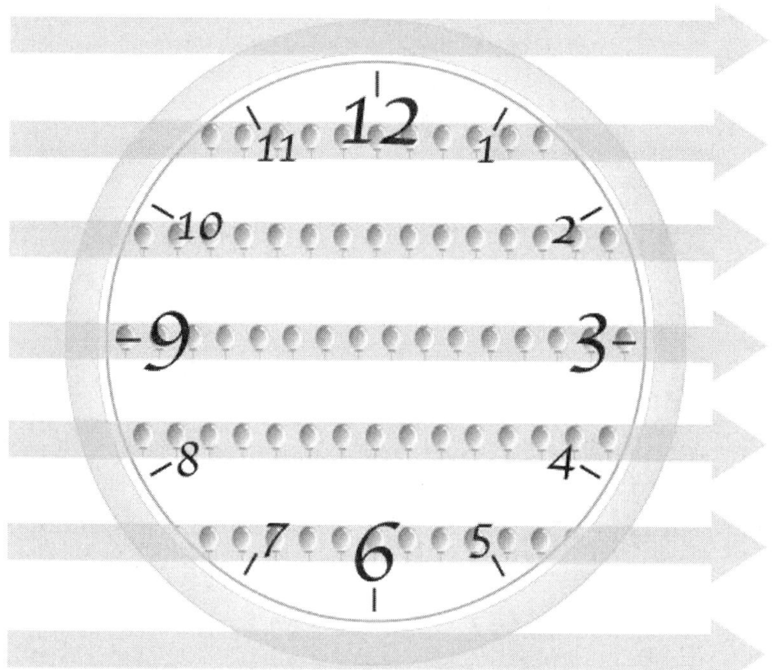

"빨주노초파남보! 레인보우!"

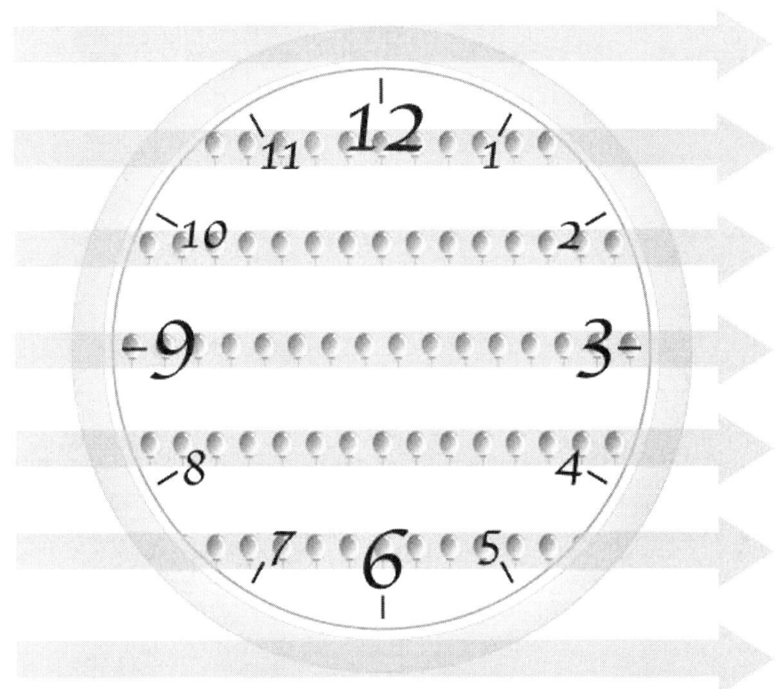

빨주노초파남보! 레인보우!

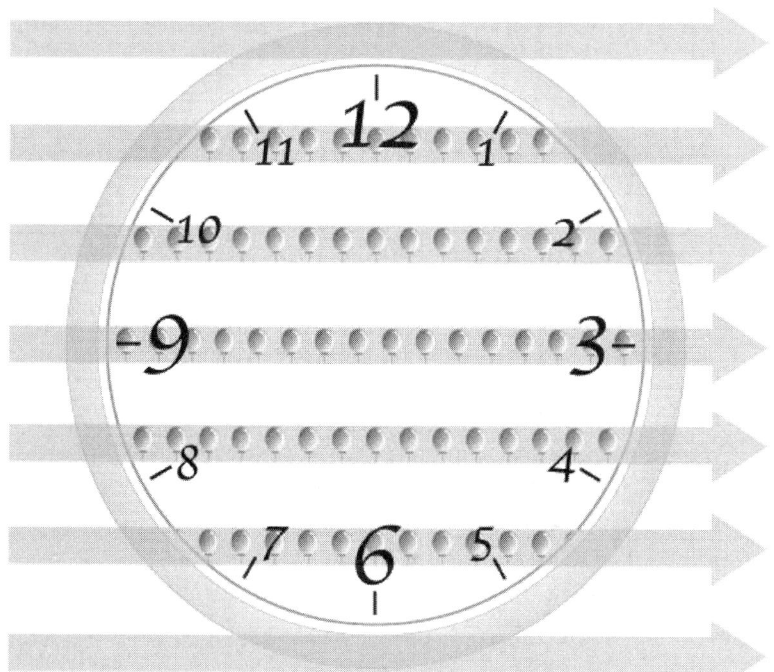

"빨주노초파남보! 레인보우!"

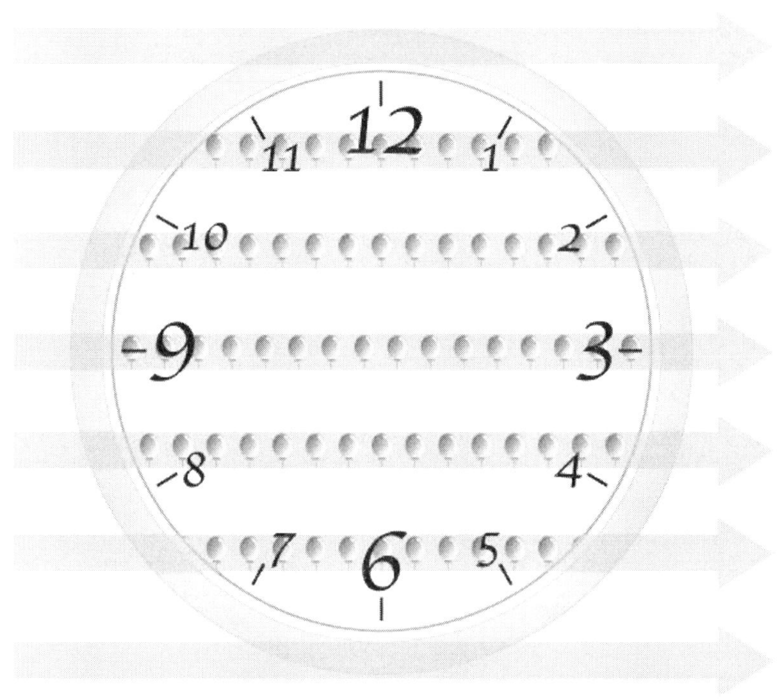

"빨주노초파남보! 레인보우!"

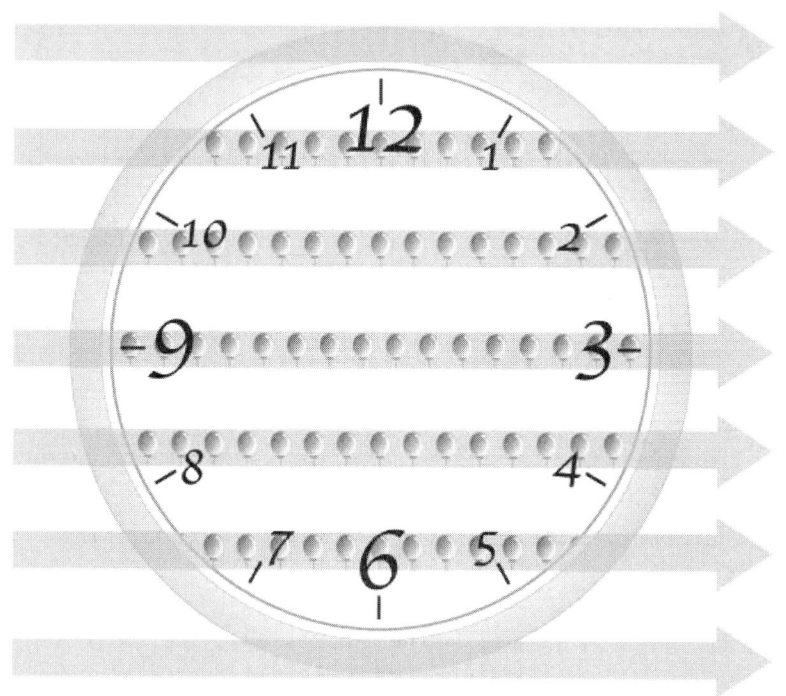

"빨주노초파남보! 레인보우!"

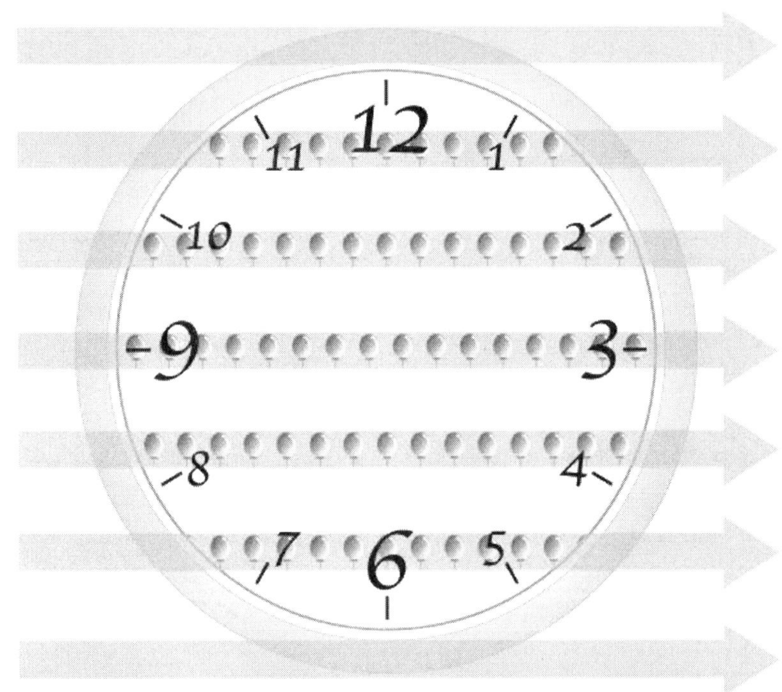

"빨주노초파남보! 레인보우!"

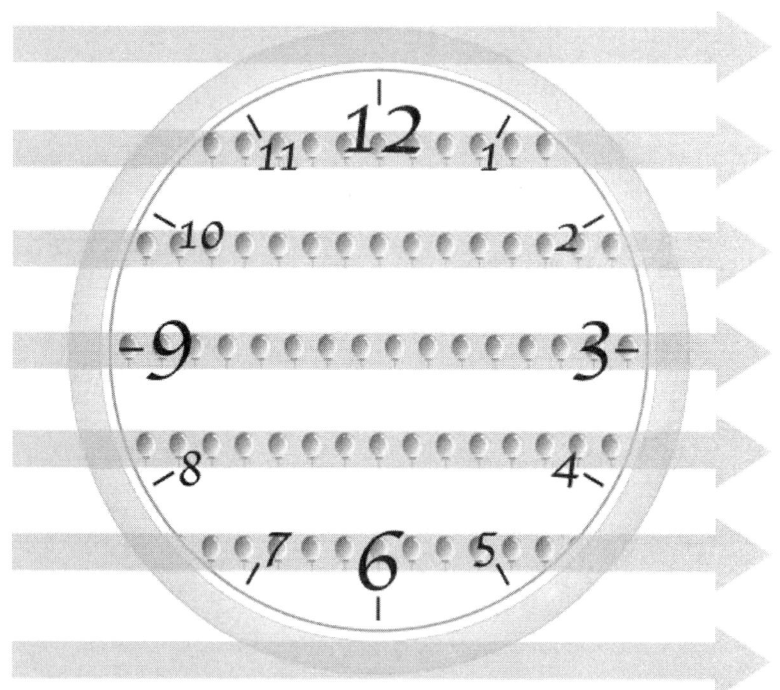

"빨주노초파남보! 레인보우!"

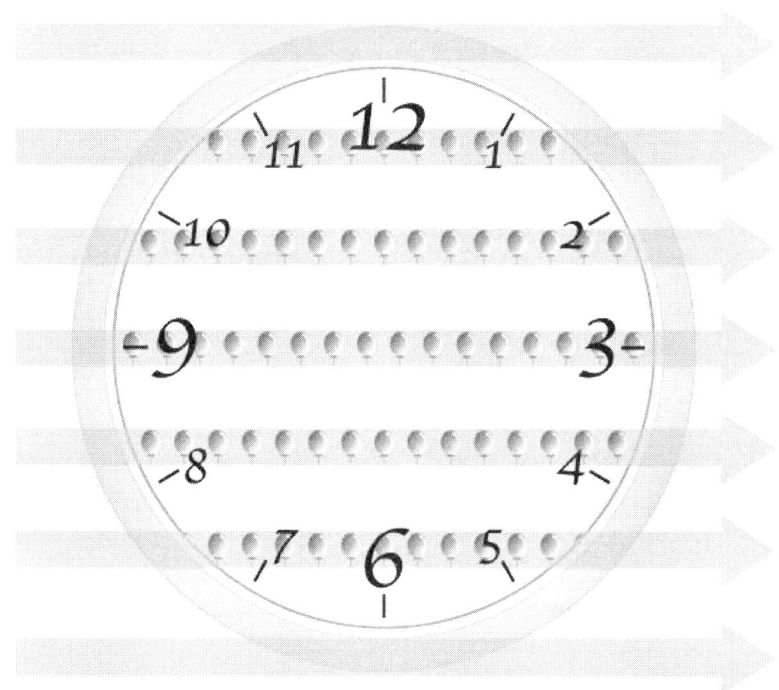

"빨주노초파남보! 레인보우!"

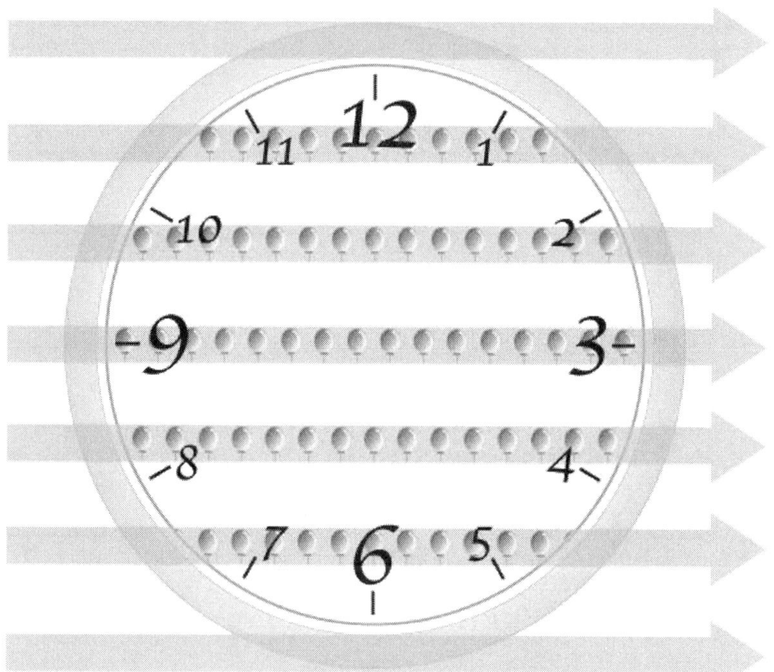

"빨주노초파남보! 레인보우!"

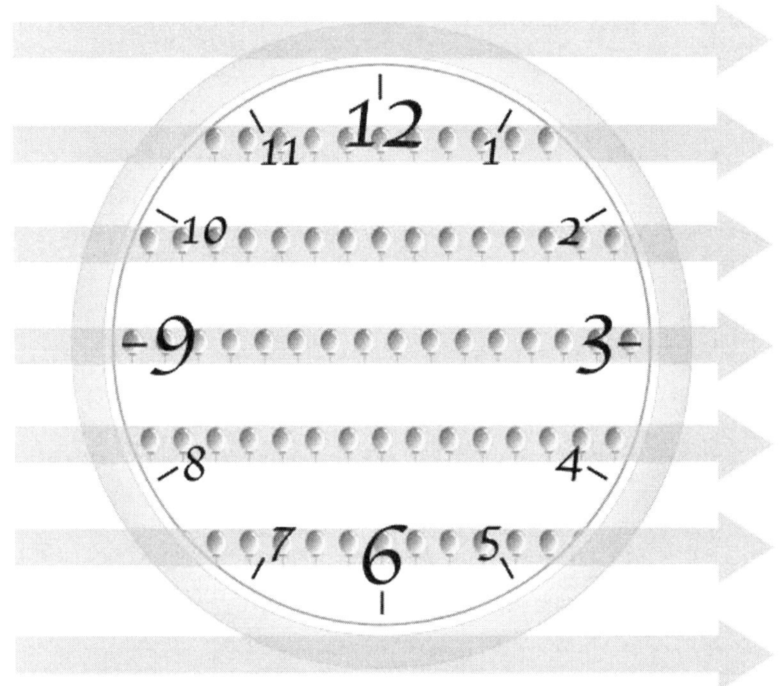

"빨주노초파남보! 레인보우!"

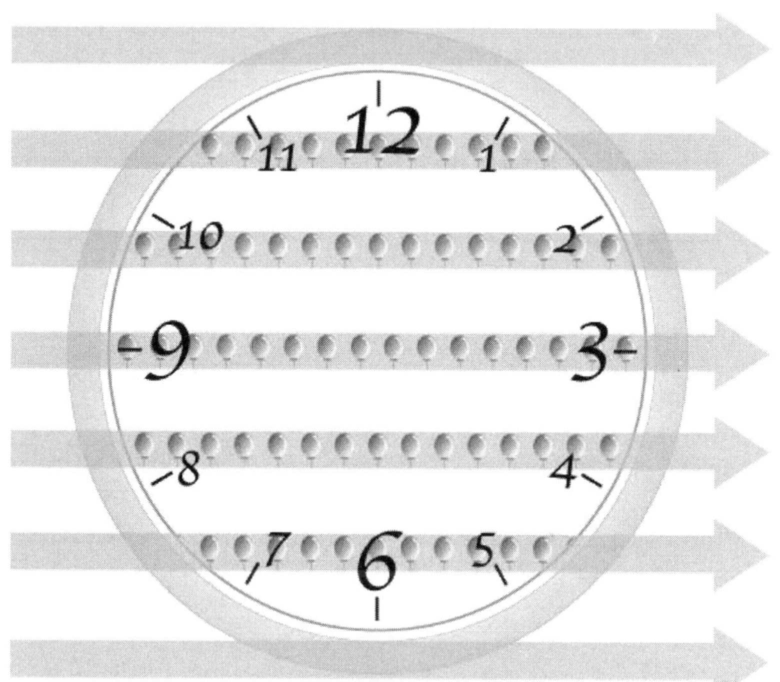

"빨주노초파남보! 레인보우!"

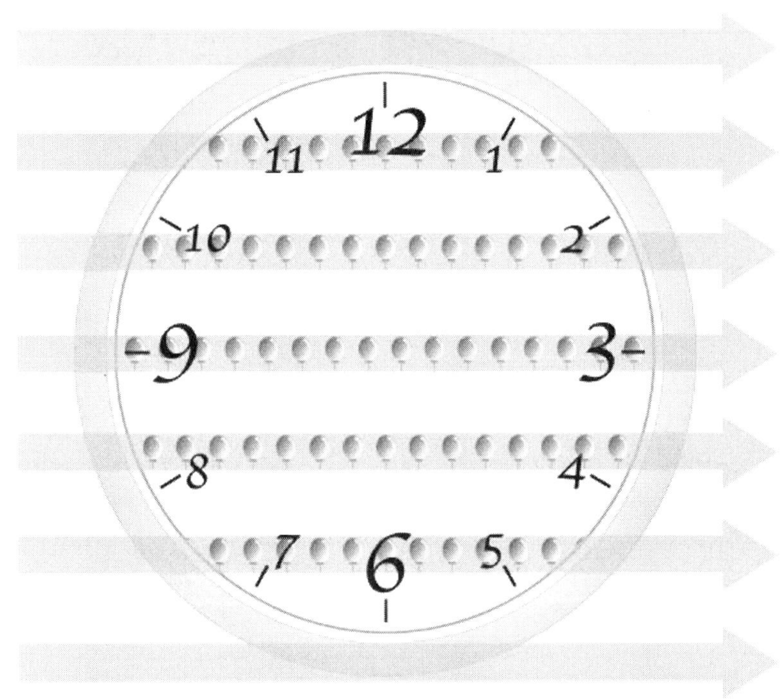

"빨주노초파남보! 레인보우!"

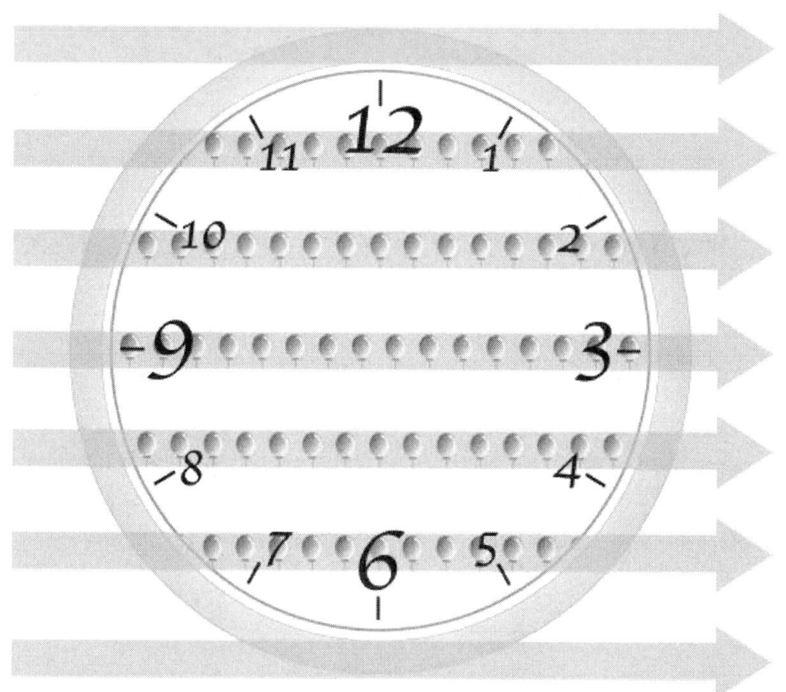

"빨주노초파남보! 레인보우!"

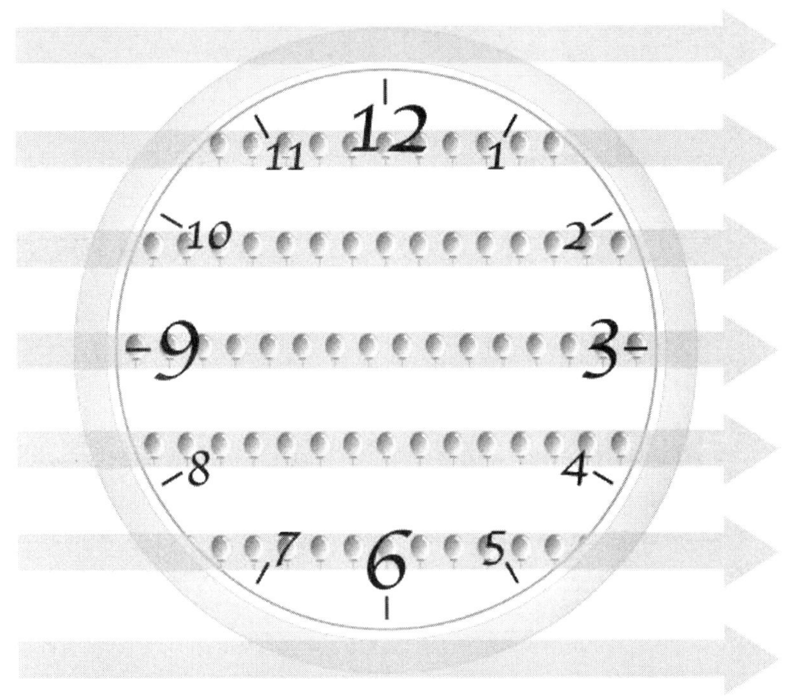

"빨주노초파남보! 레인보우!"

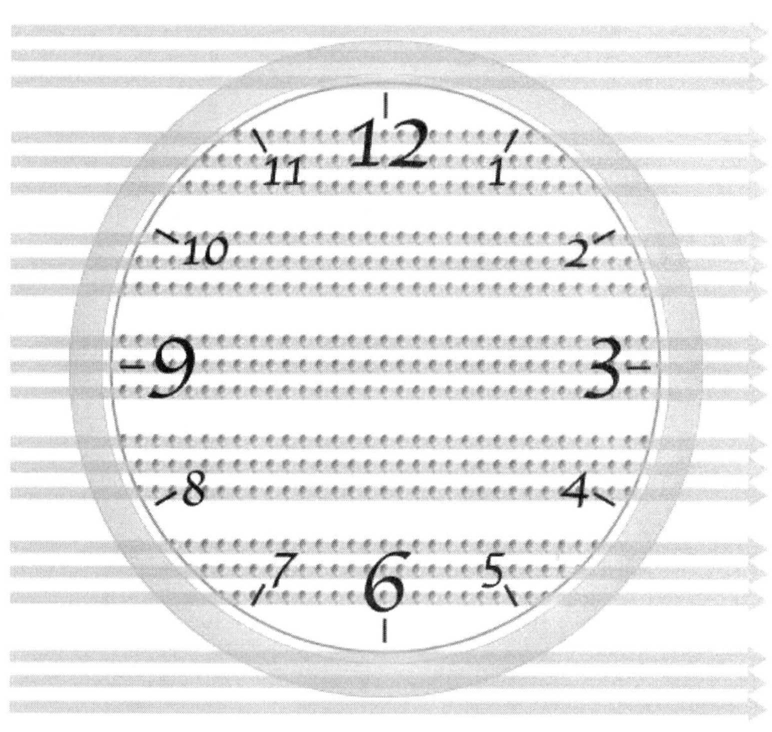

"빨주노초파남보! 레인보우!"

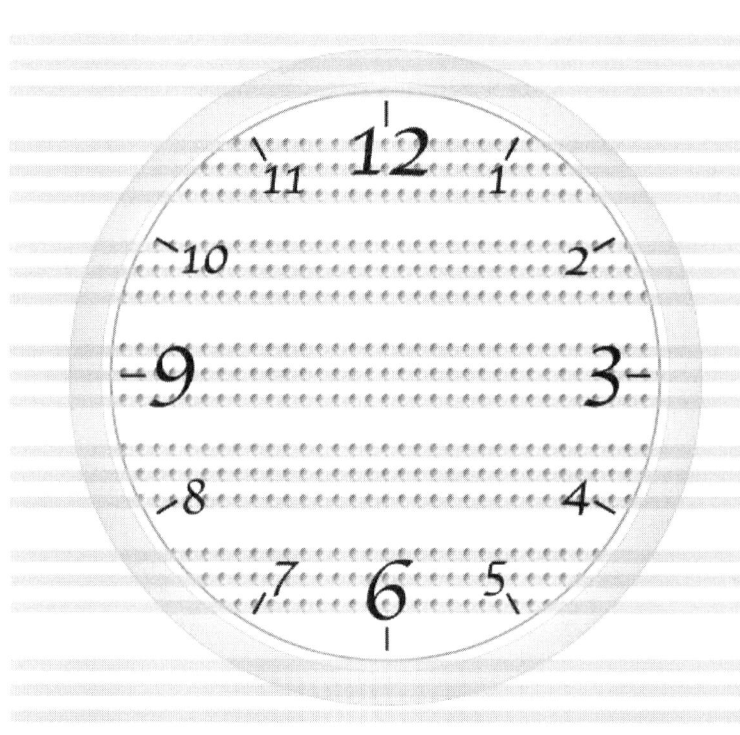

"빨주노초파남보! 레인보우!"

"빨주노흐파남보! 레인보우!"

12
11
1
10
2
9
3
8
4
7
6
5

"빨주노초파남보! 레인보우!"

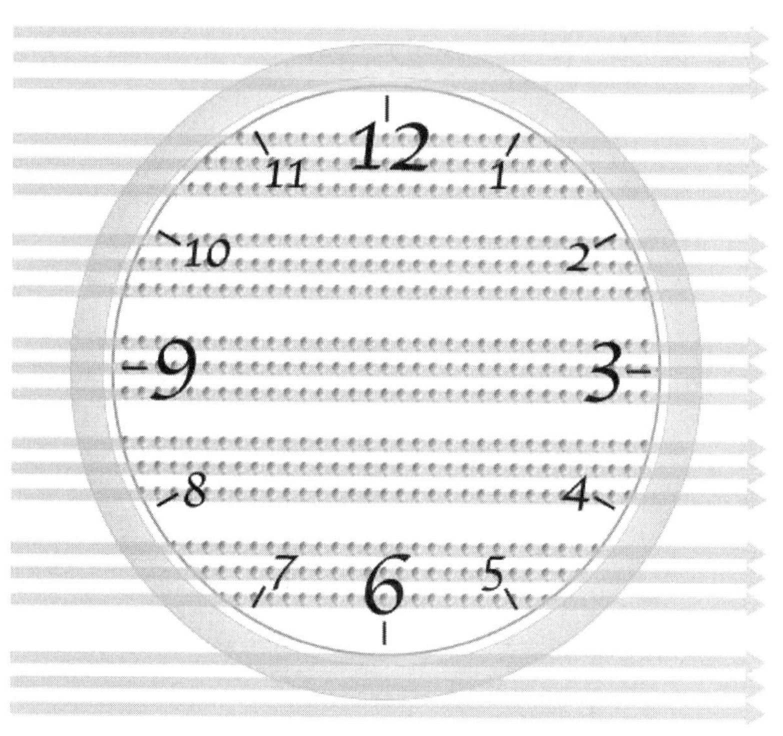

"빨주노초파남보! 레인보우!"

"빨주노초파남보! 레인보우!"

"빨주노초파남보! 레인보우!"

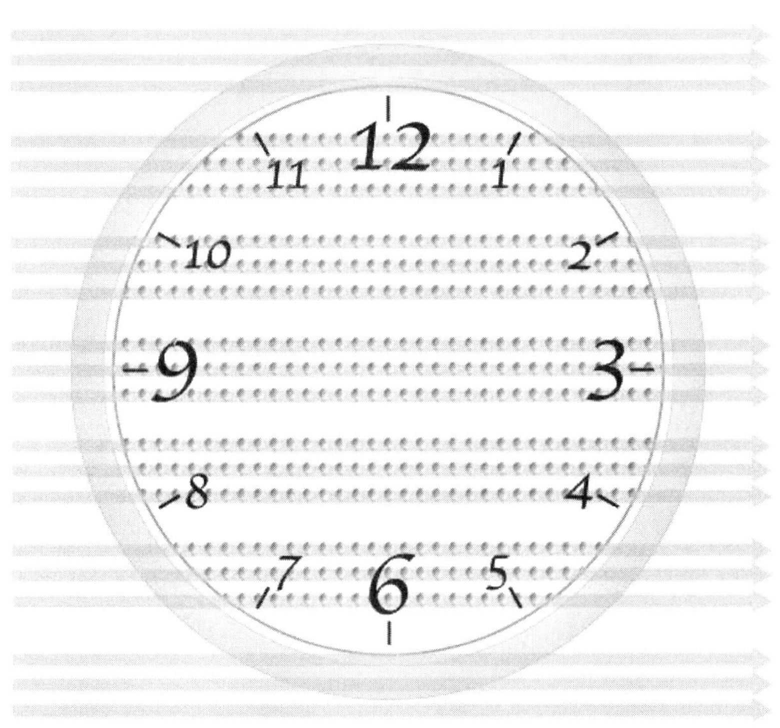
11
12
1
10
2
9
3
8
4
7
6
5

"빨주노초파남보! 레인보우!"

"빨주노초파남보! 레인보우!"

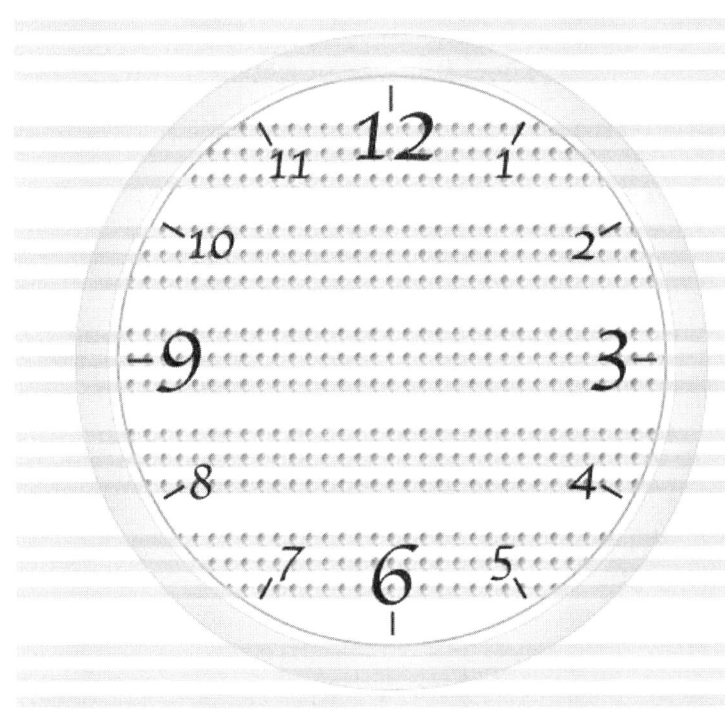

"빨주노초파남보! 레인보우!"

"빨주노초파남보! 레인보우!"

"빨주노초파남보! 레인보우!"

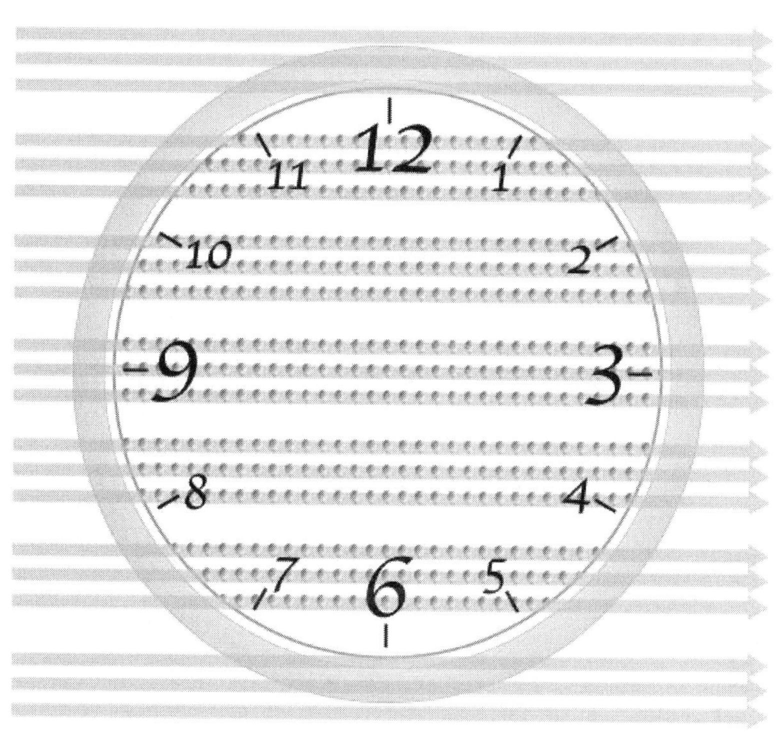

"빨주노초파남보! 레인보우!"

"빨주노초파남보! 레인보우!"

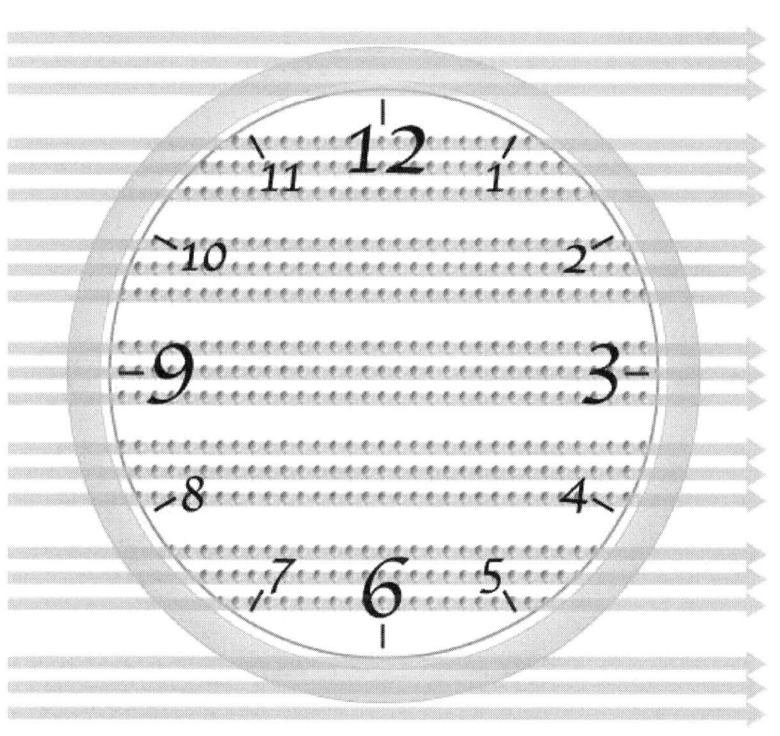

"빨주노초파남보! 레인보우!"

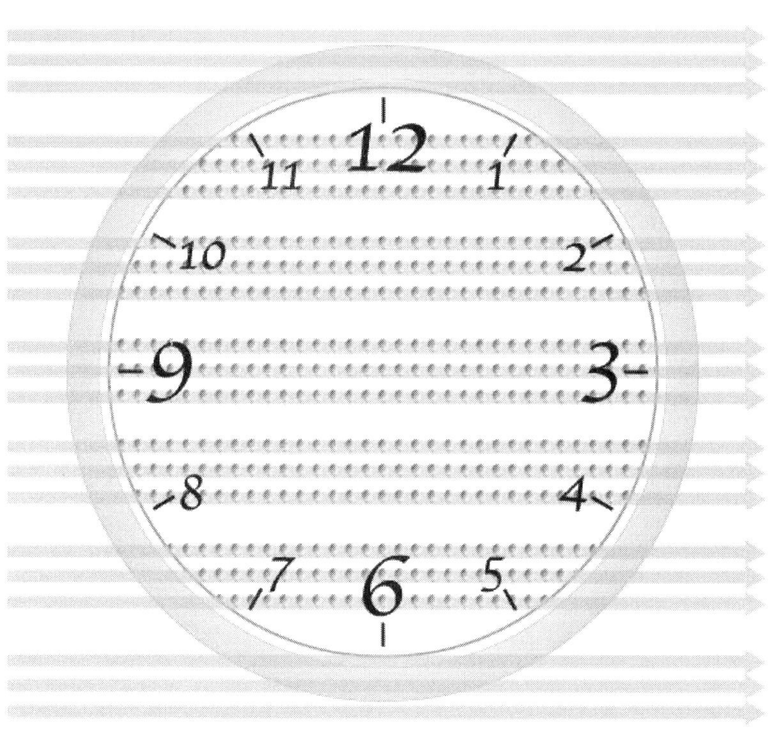

12
11
1
10
2
9
3
8
4
7
6
5

"빨주노초파남보! 레인보우!"

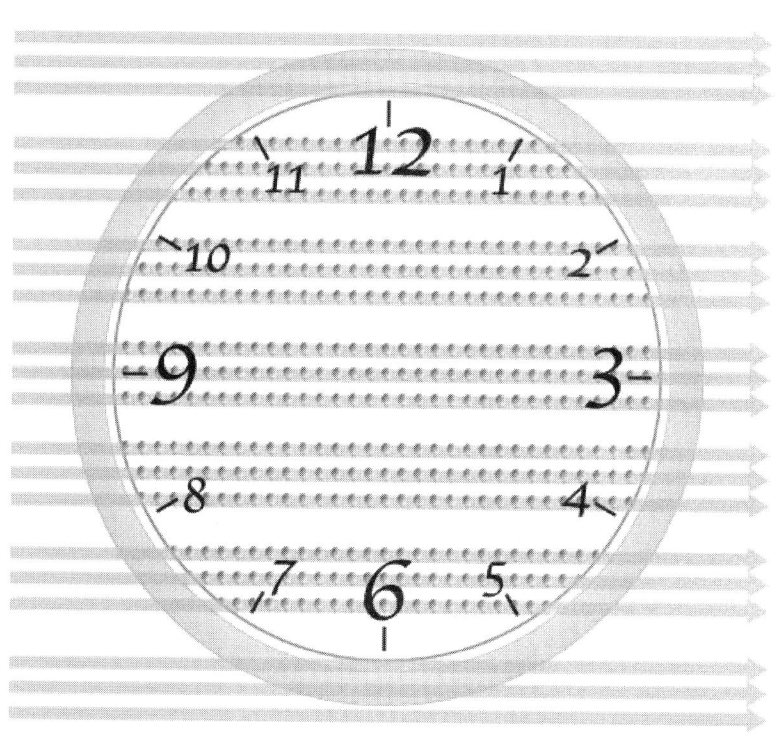

"빨주노초파남보! 레인보우!"

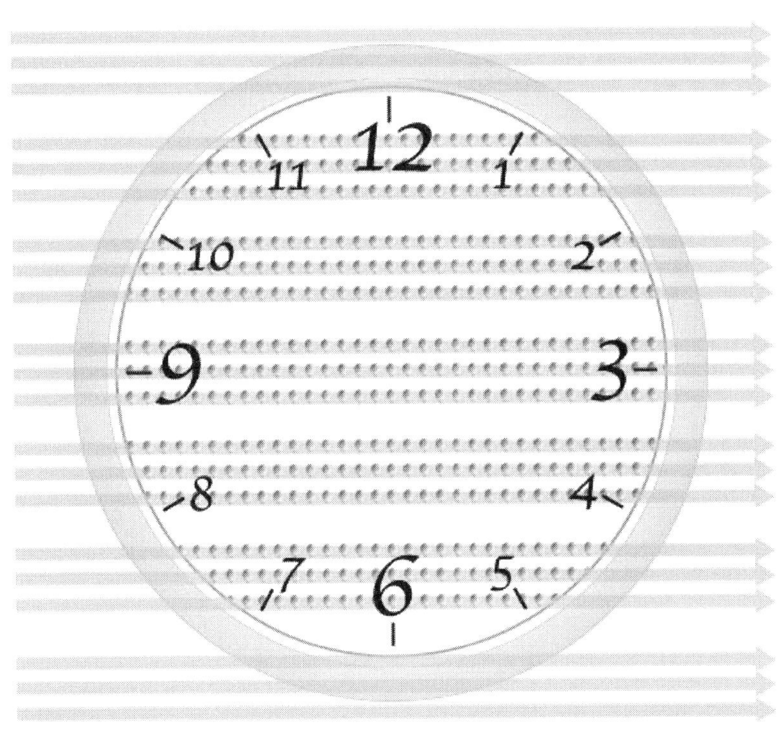

"빨주노초파남보! 레인보우!"

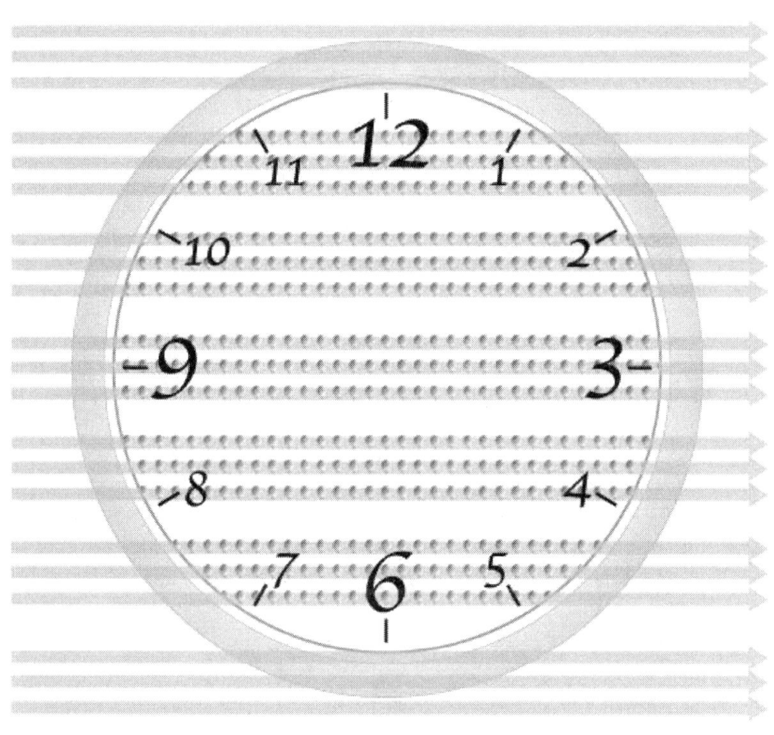

"빨주노초파남보! 레인보우!"

"빨주노초파남보! 레인보우!"

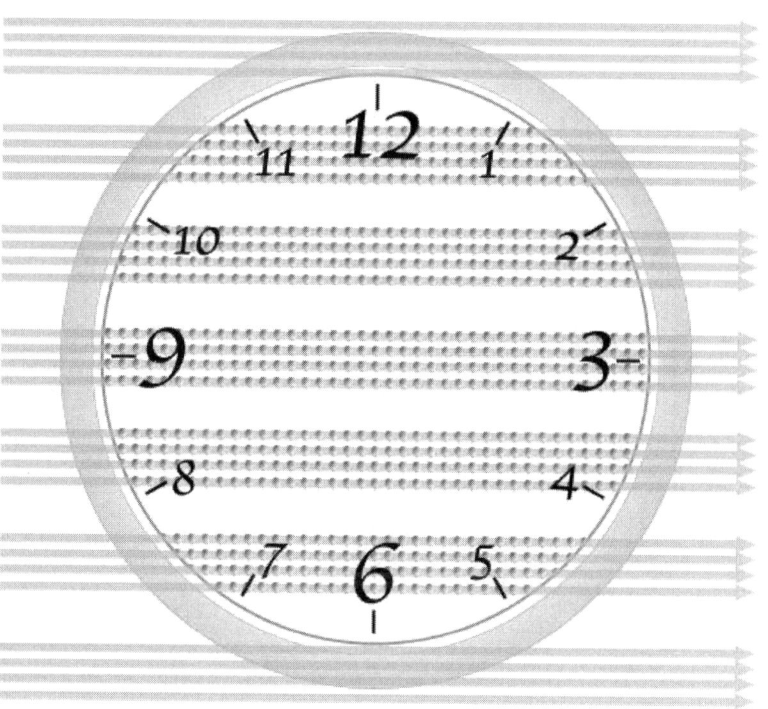

"빨주노초파남보! 레인보우!"

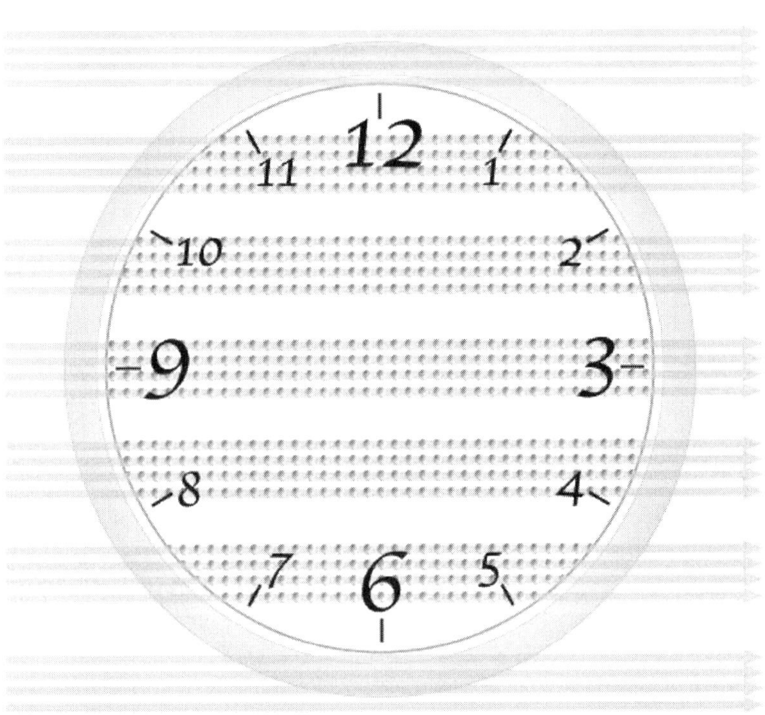

"빨주노초파남보! 레인보우!"

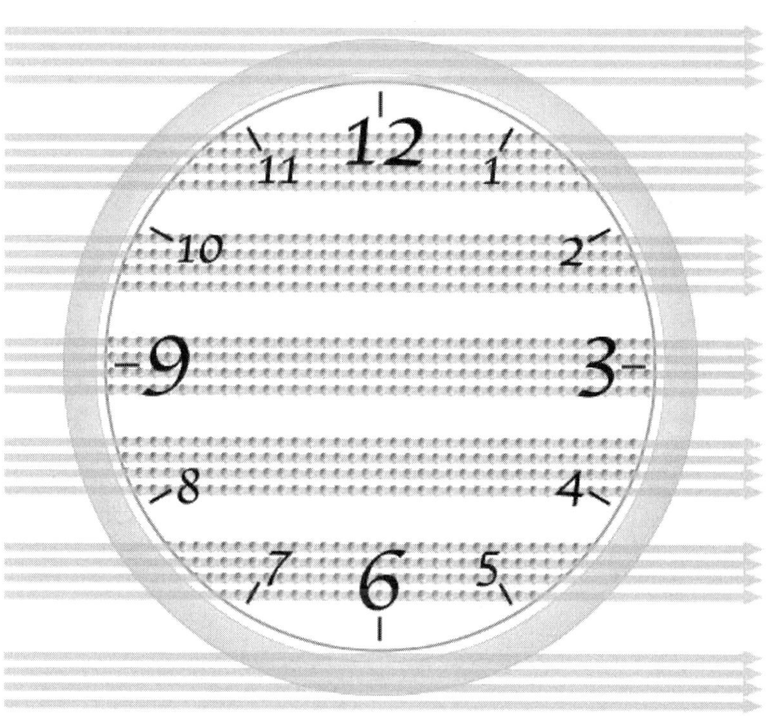

"빨주노초파남보! 레인보우!"

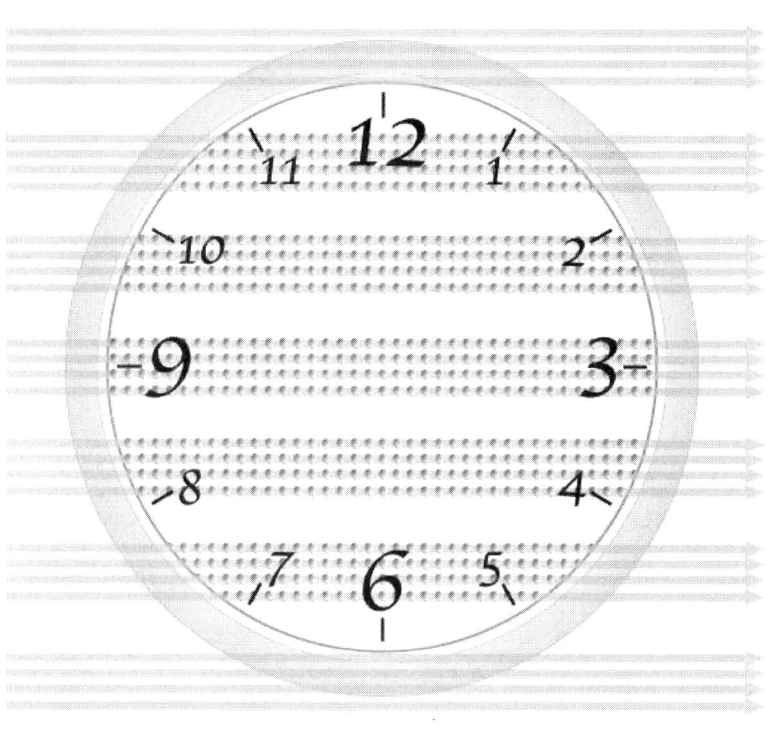

"빨주노초파남보! 레인보우!"

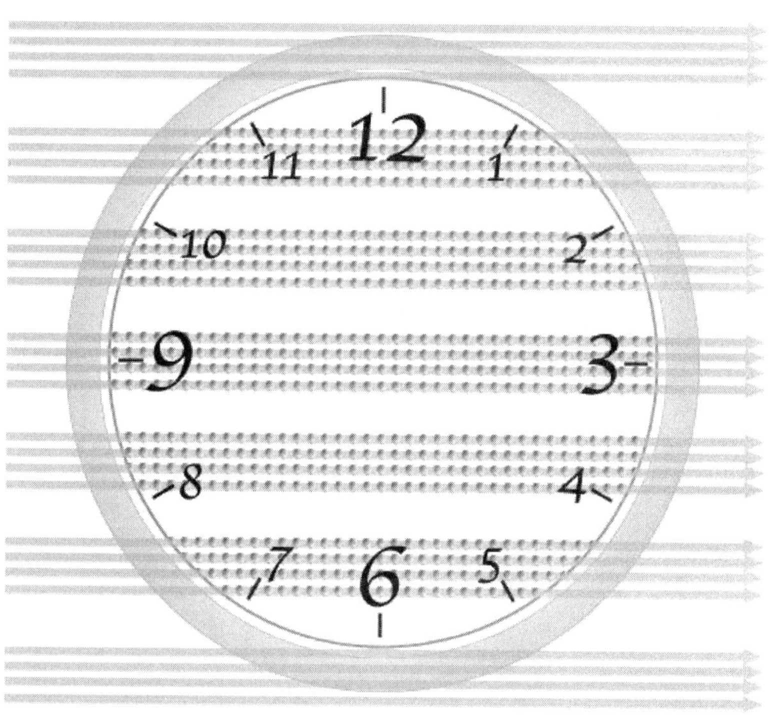

12
1
2
3
4
5
6
7
8
9
10
11

"빨주노초파남보! 레인보우!"

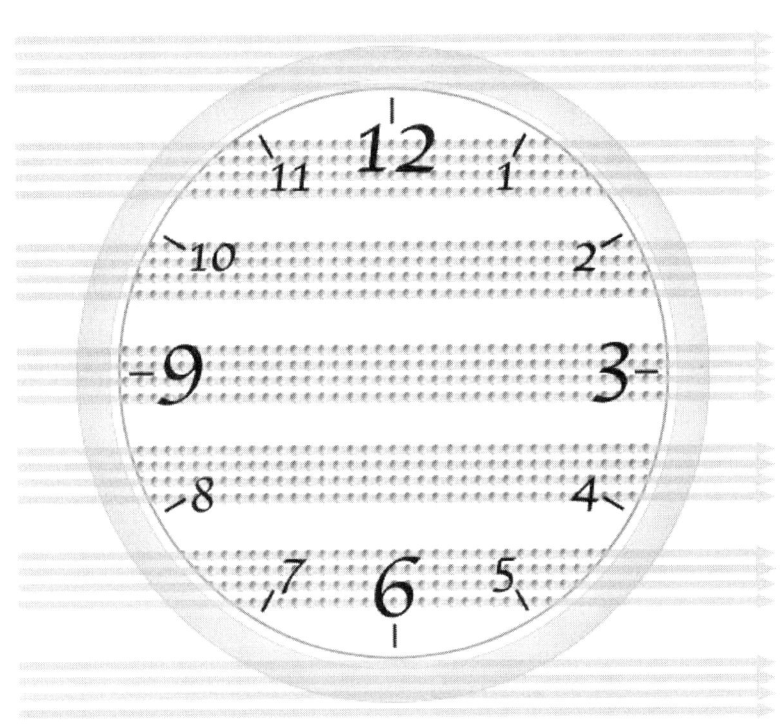

"빨주노초파남보! 레인보우!"

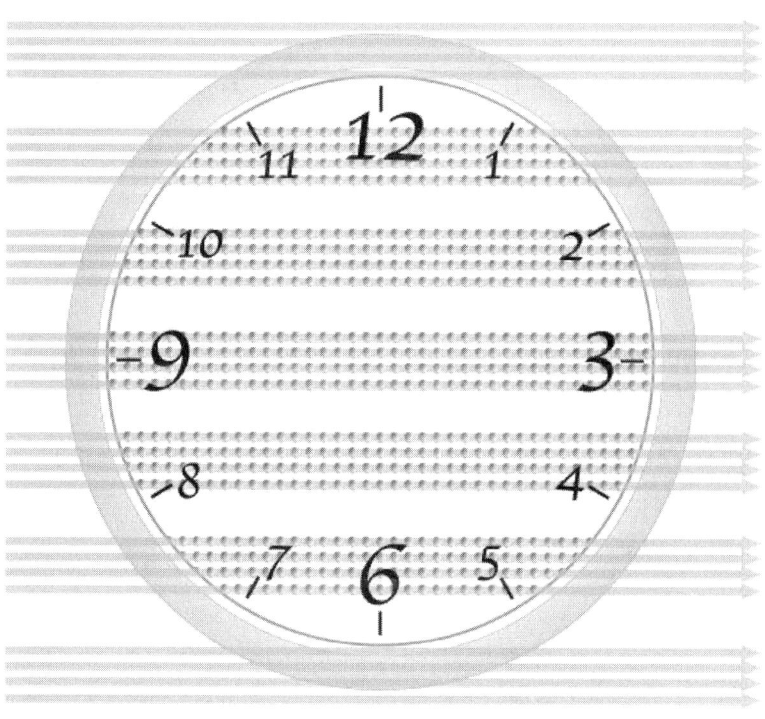

"빨주노초파남보! 레인보우!"

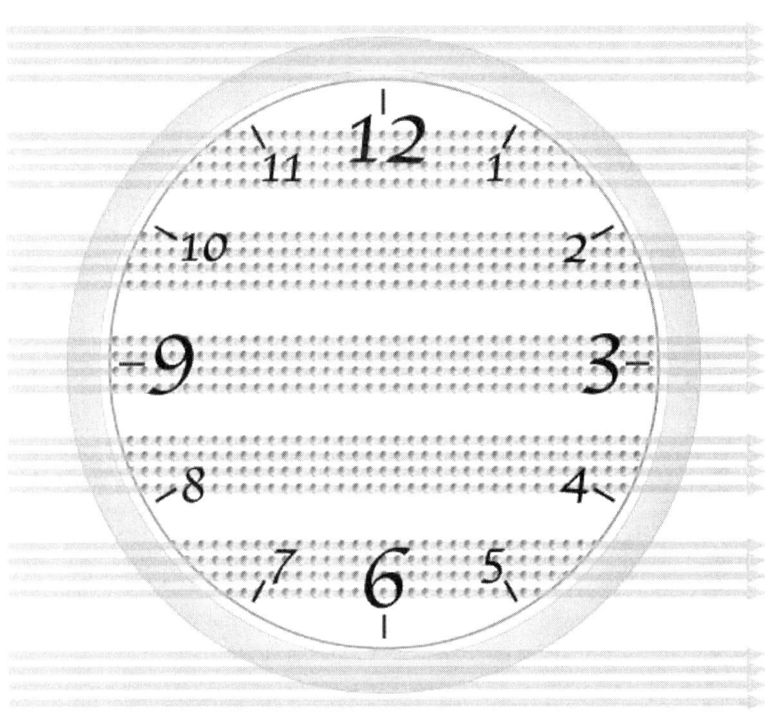

"빨주노초파남보! 레인보우!"

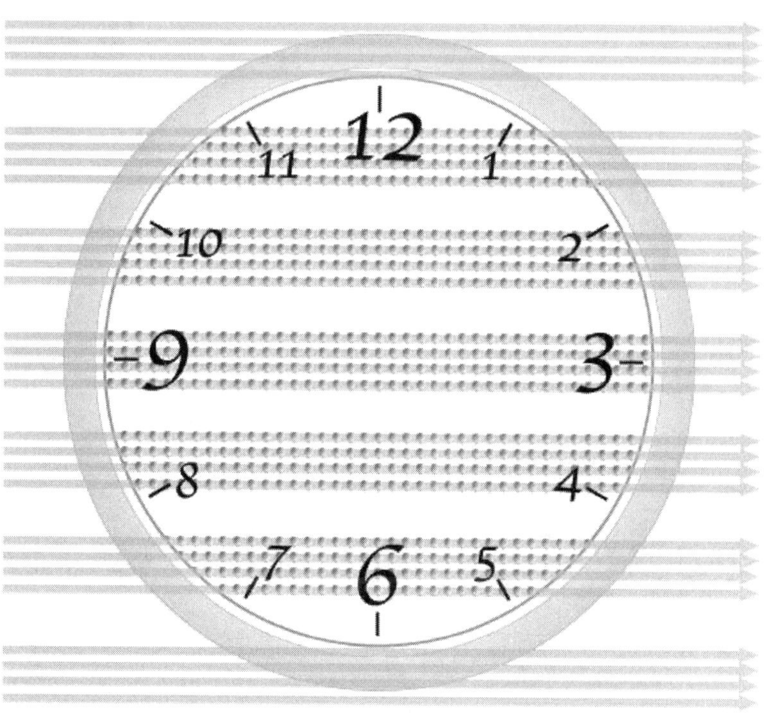

"빨주노초파남보! 레인보우!"

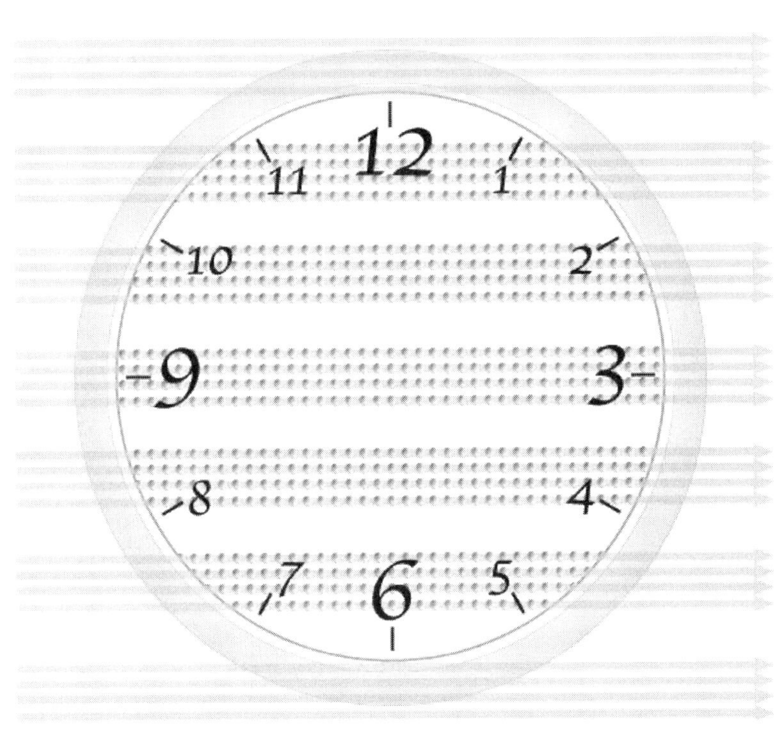

12
11
10
9
8
7
6
5
4
3
2
1

"빨주노초파남보! 레인보우!"

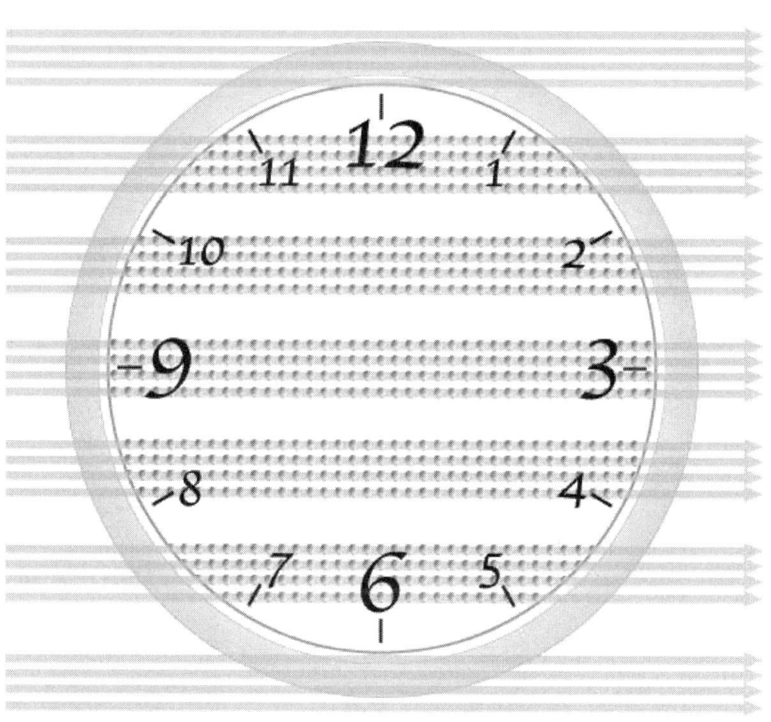

"빨주노초파남보! 레인보우!"

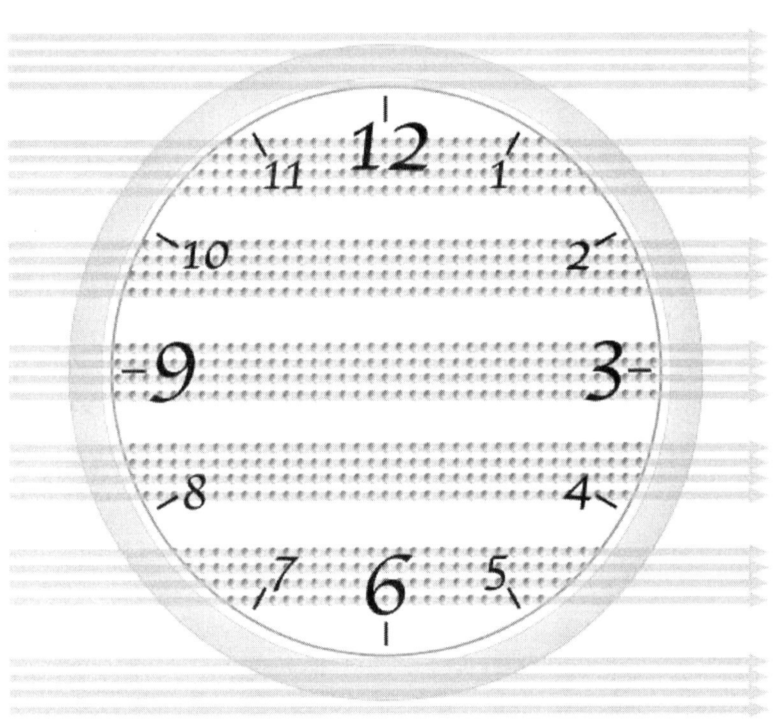

12
11
1
10
2
9
3
8
4
7
6
5

"빨주노초파남보! 레인보우!"

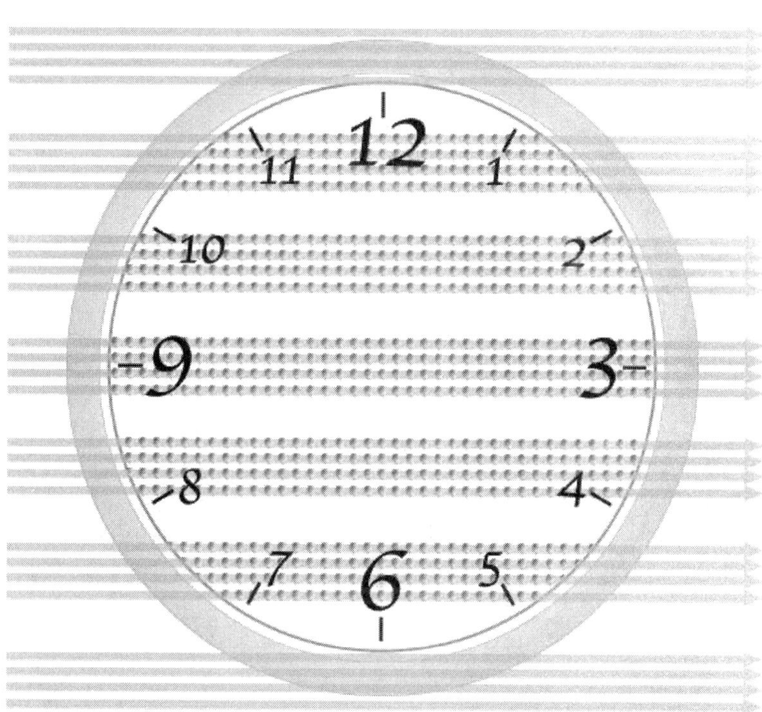

"빨주노초파남보! 레인보우!"

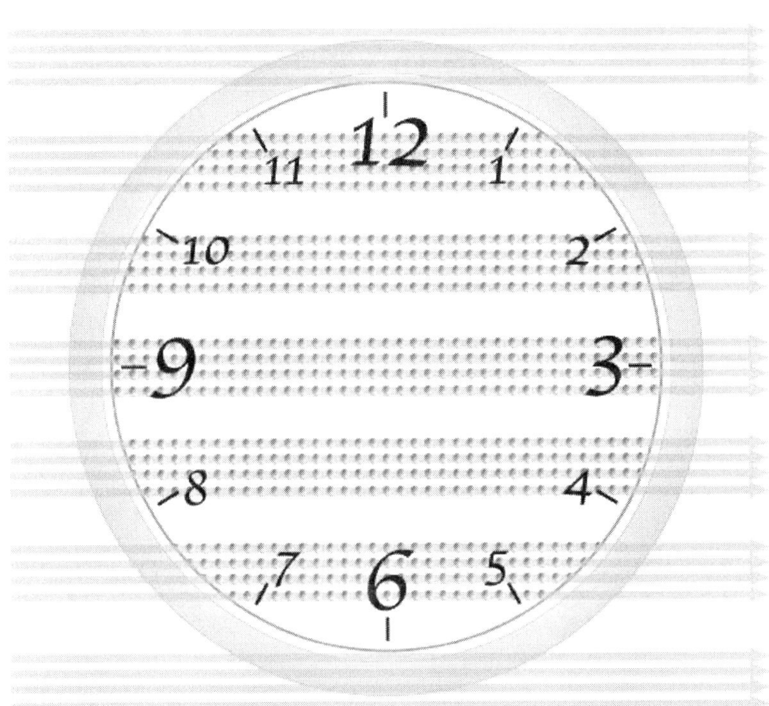

"빨주노초파남보! 레인보우!"

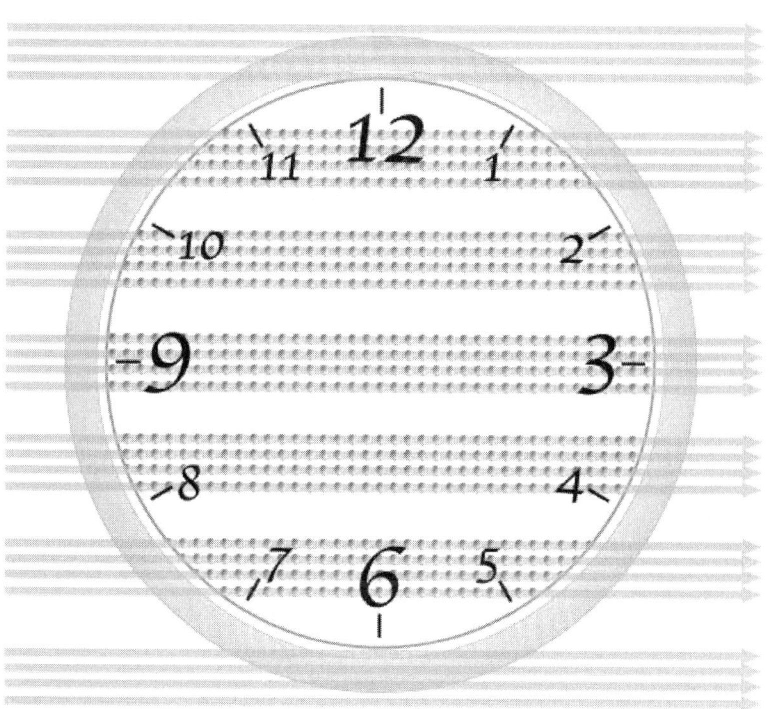

"빨주노초파남보! 레인보우!"

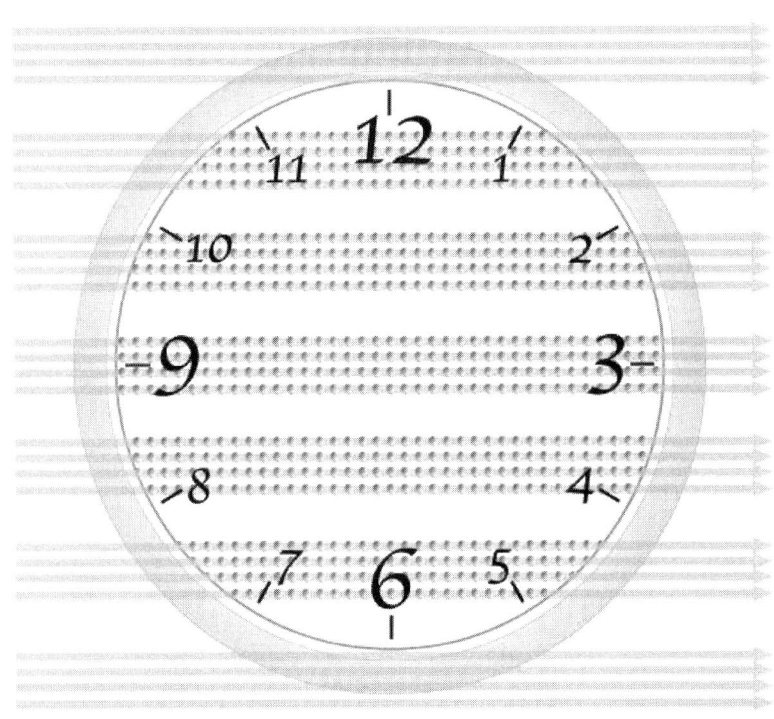

"빨주노초파남보! 레인보우!"

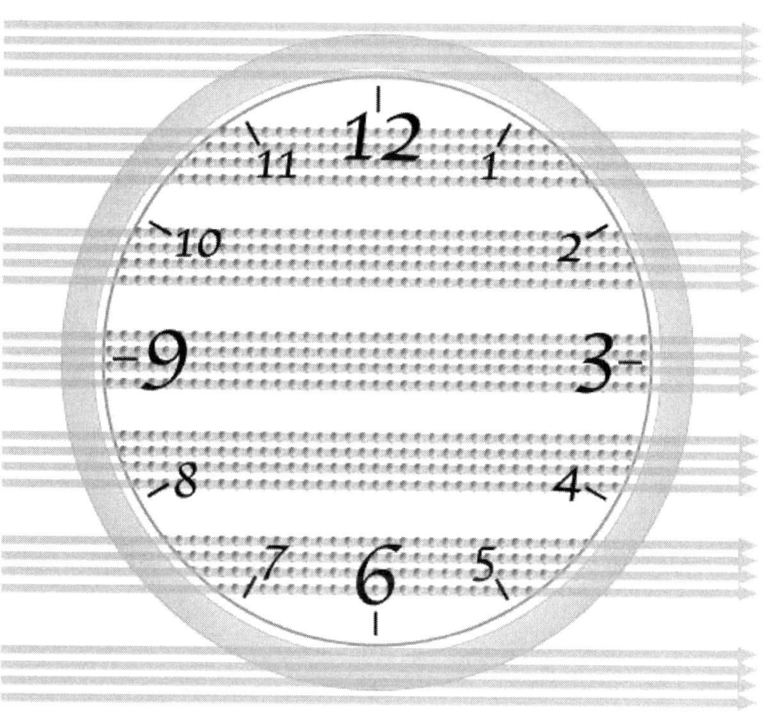

"빨주노초파남보! 레인보우!"

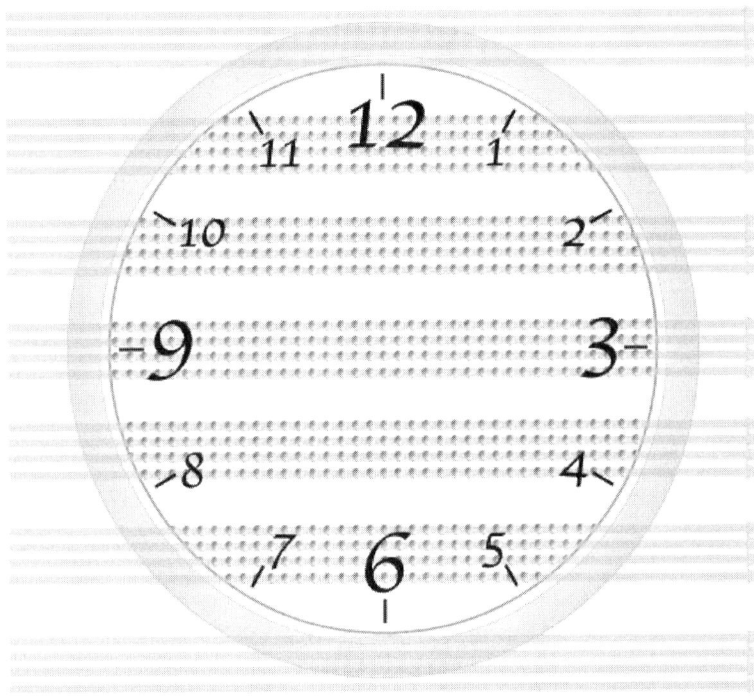

"빨주노초파남보! 레인보우!"

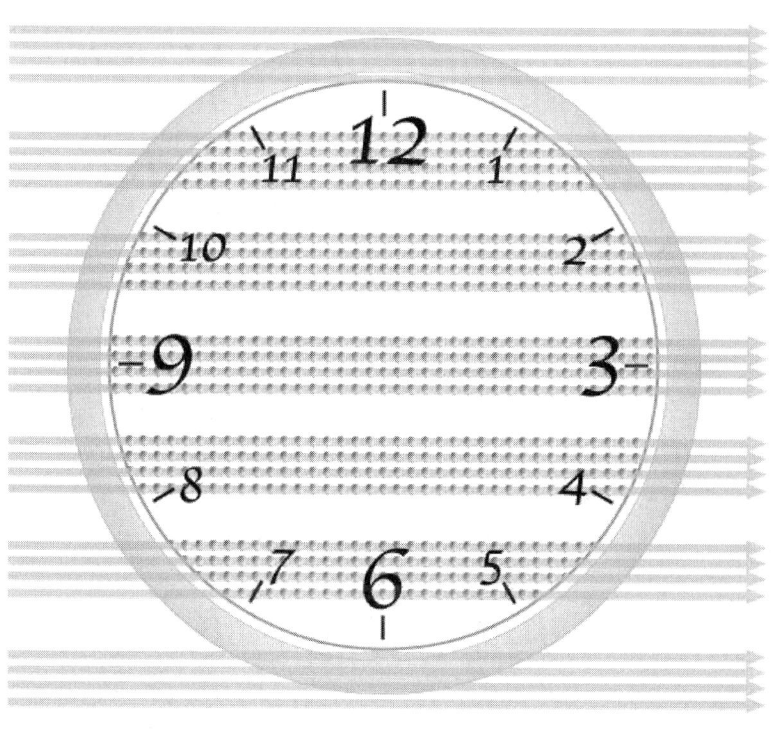

"빨주노초파남보! 레인보우!"

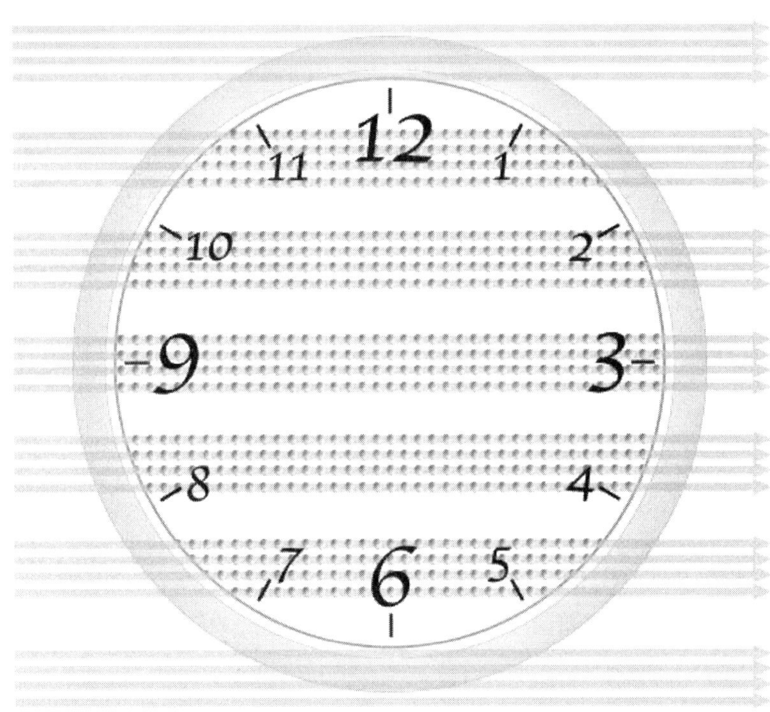

11 12 1
10 2
9 3
8 4
7 6 5

"빨주노초파남보! 레인보우!"

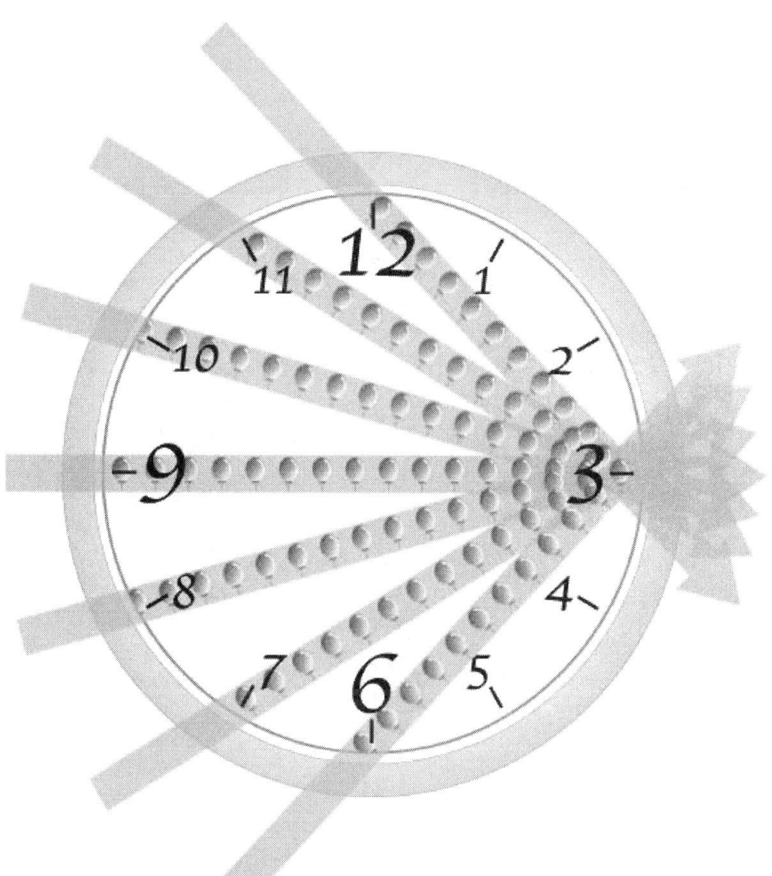

"쪽쪽빨자! 아이브레인!"

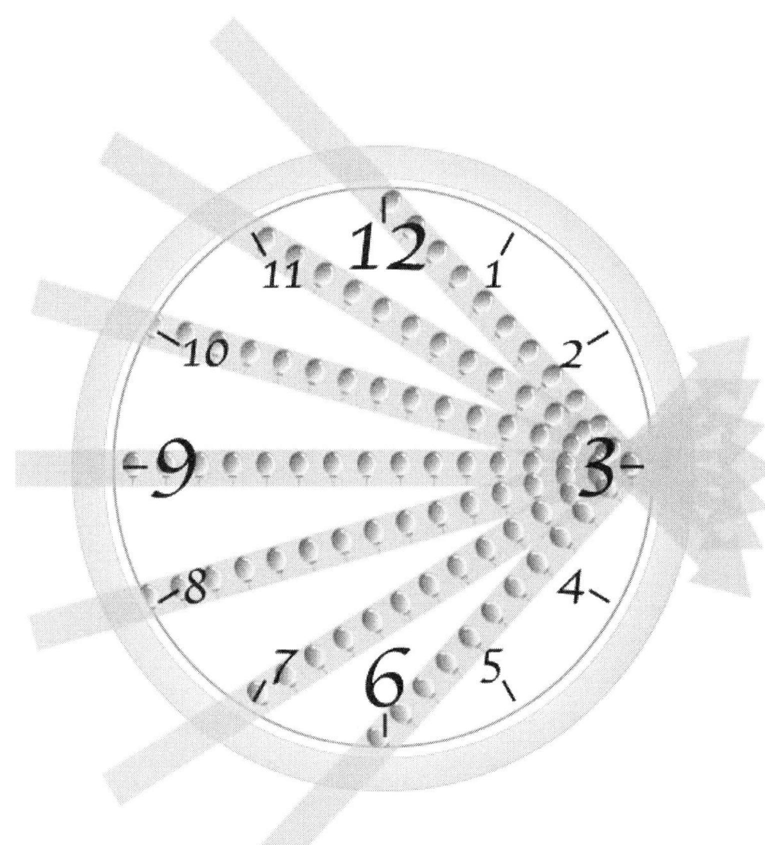

"쭉쭉빨자! 아이브레인!"

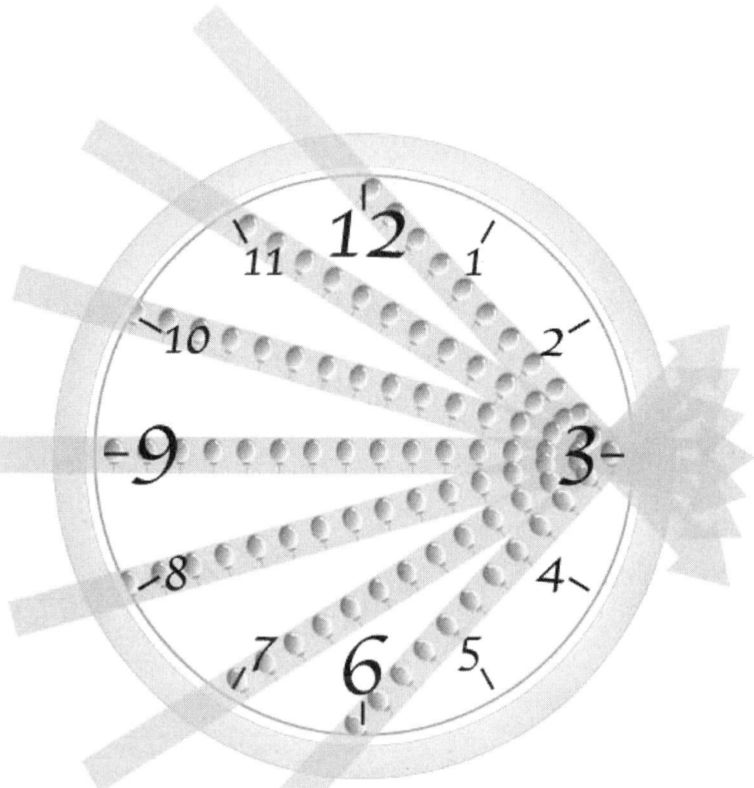

"쭉쭉빨자! 아이브레인!"

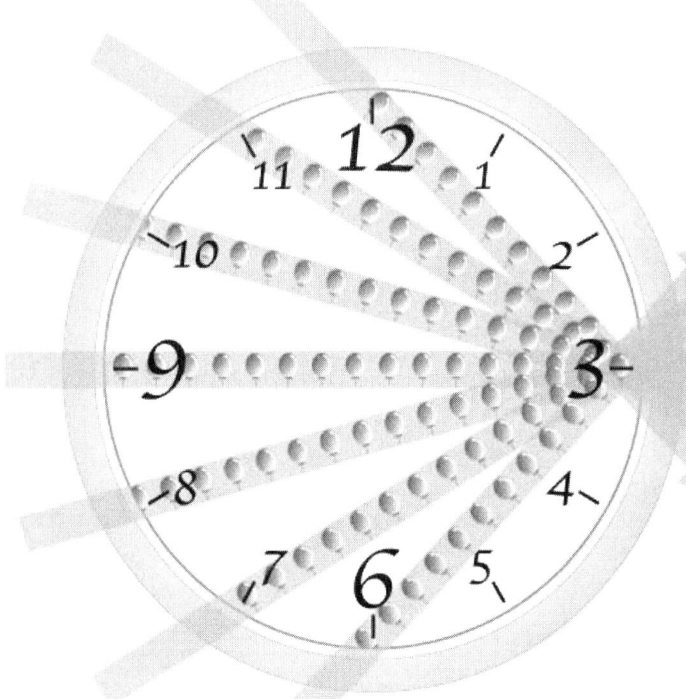

12
11
1
10
2
9
3
8
4
7
6
5

"쭉쭉빨자! 아이브레인!"

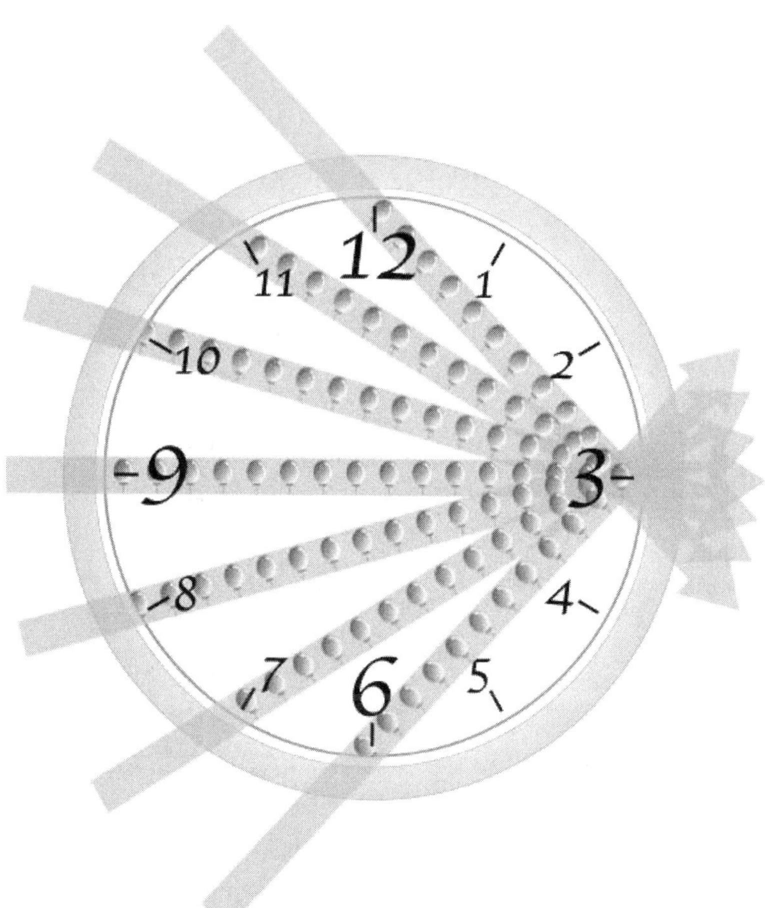

"쪽쪽빨자! 아이브레인!"

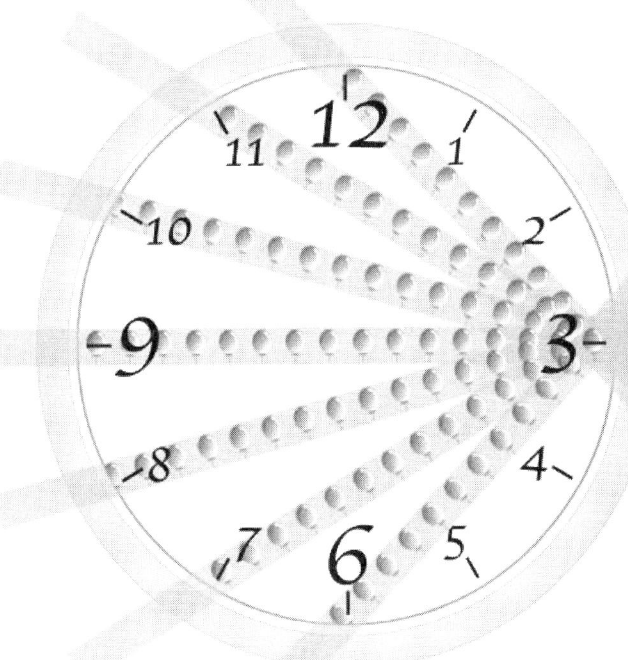

11 12 1
10 2
9 3
8 4
7 6 5

"쭉쭉빨자! 아이브레인!"

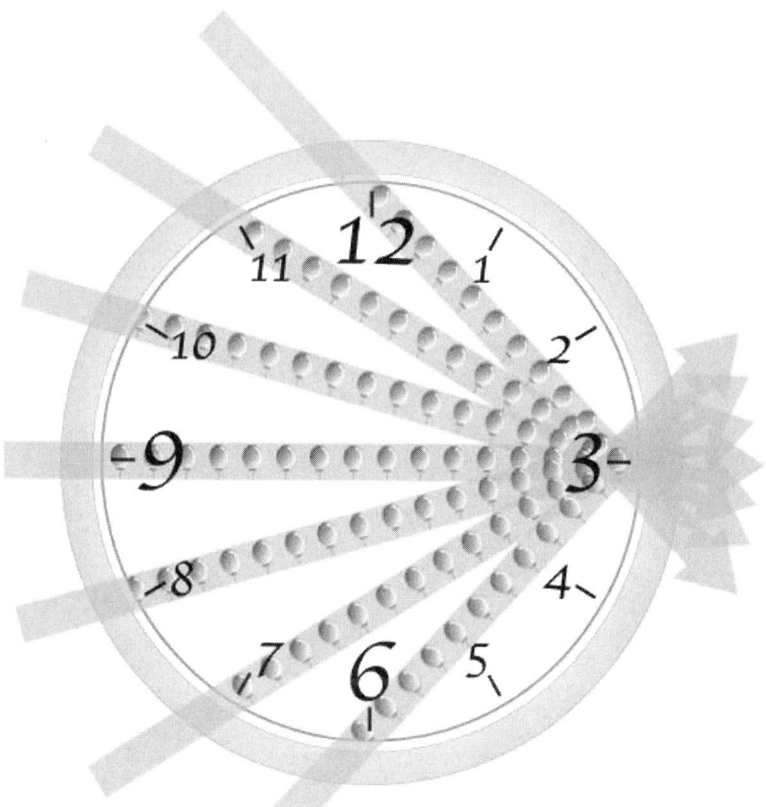

"쭉쭉빨자! 아이브레인!"

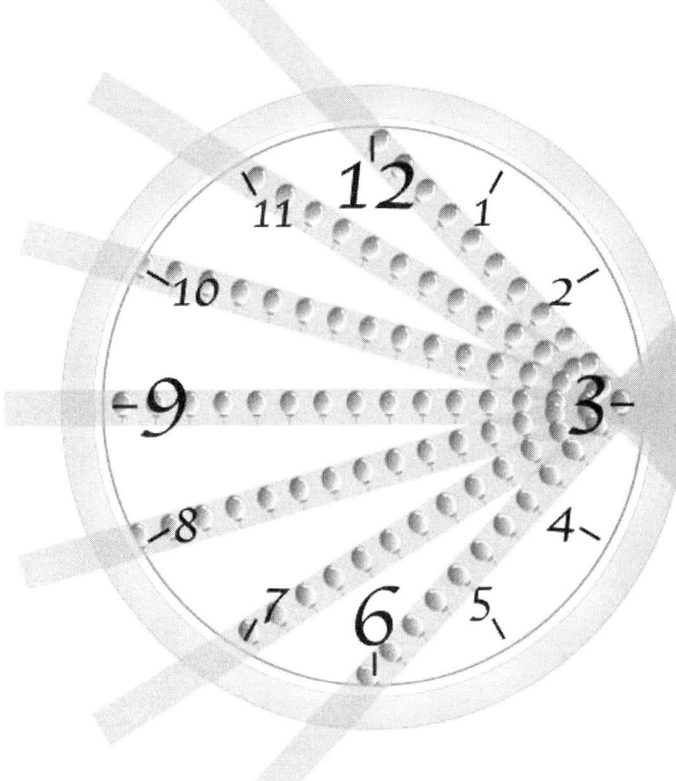

11 12 1
10 2
9 3
8 4
7 6 5

"쭉쭉빨자! 아이브레인!"

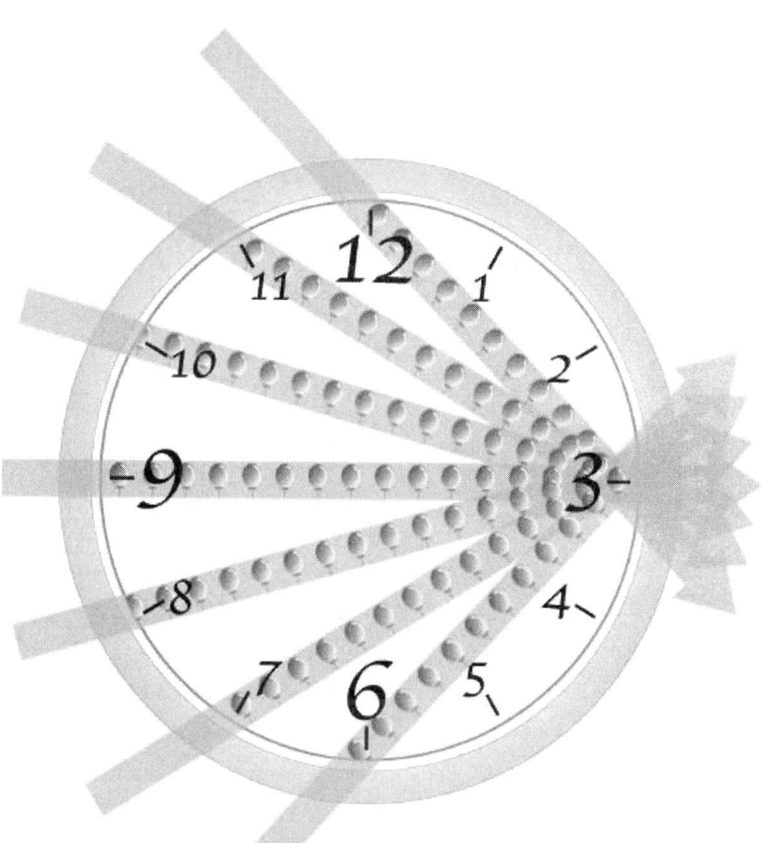

"쭉쭉빨자! 아이브레인!"

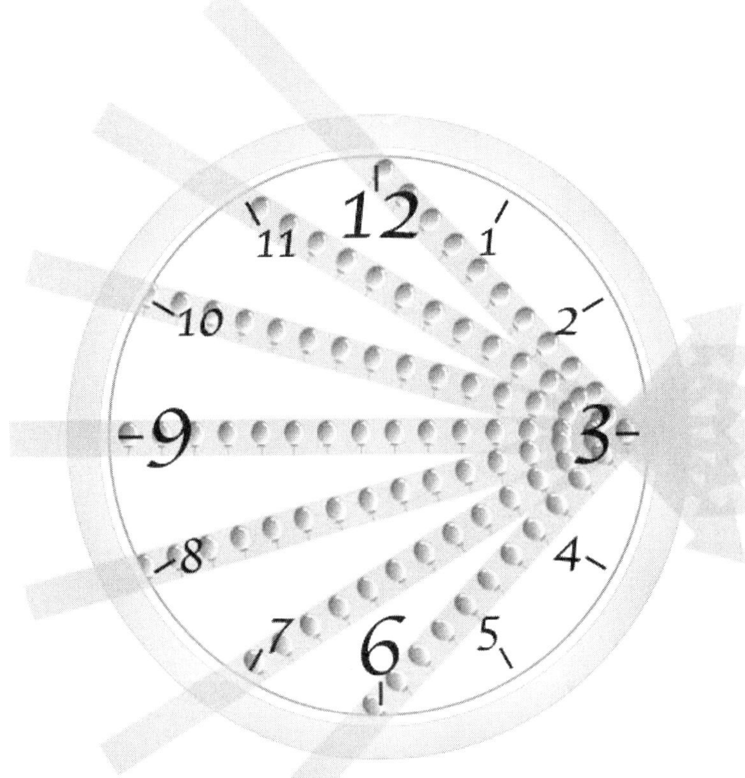

"쭉쭉빨자! 아이브레인!"

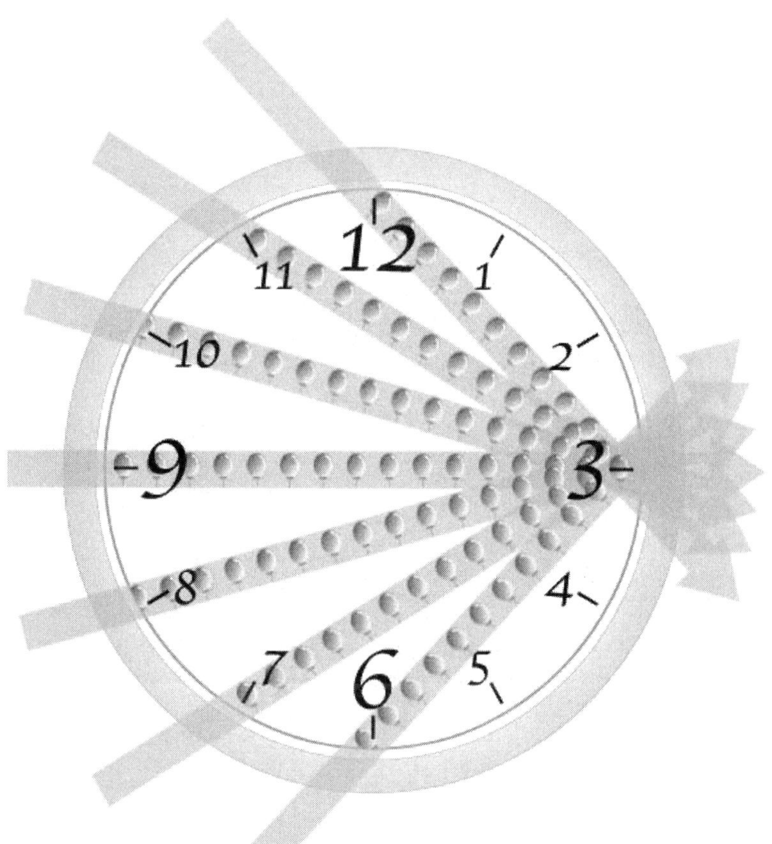

"쭉쭉빨지! 아이브레인!"

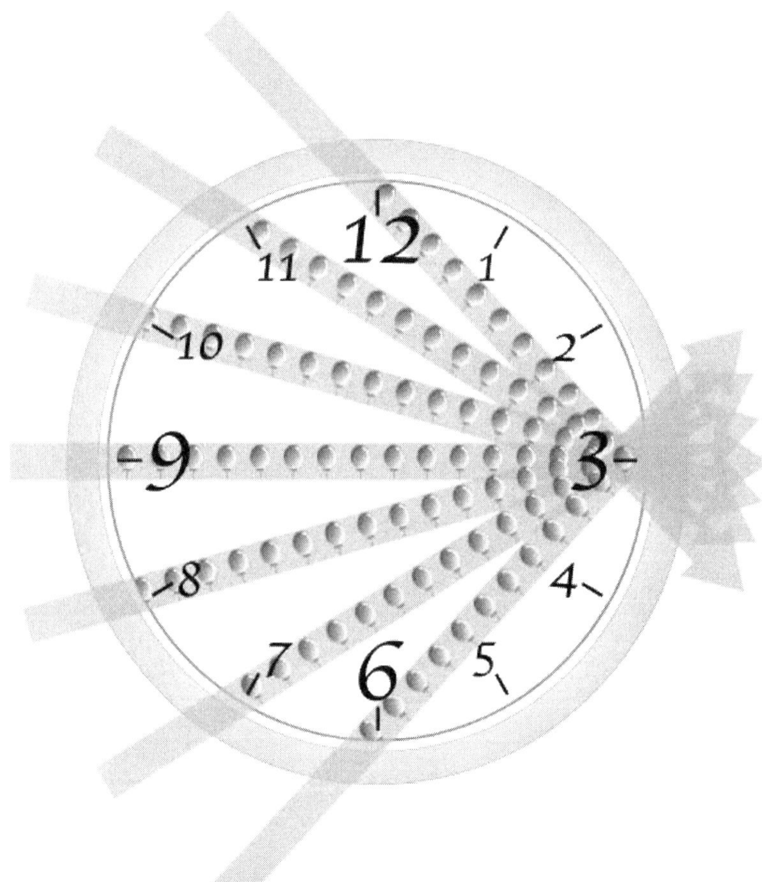

11
12
1
2
10
3
9
4
8
5
7
6

"쪽쪽빨자! 아이브레인!"

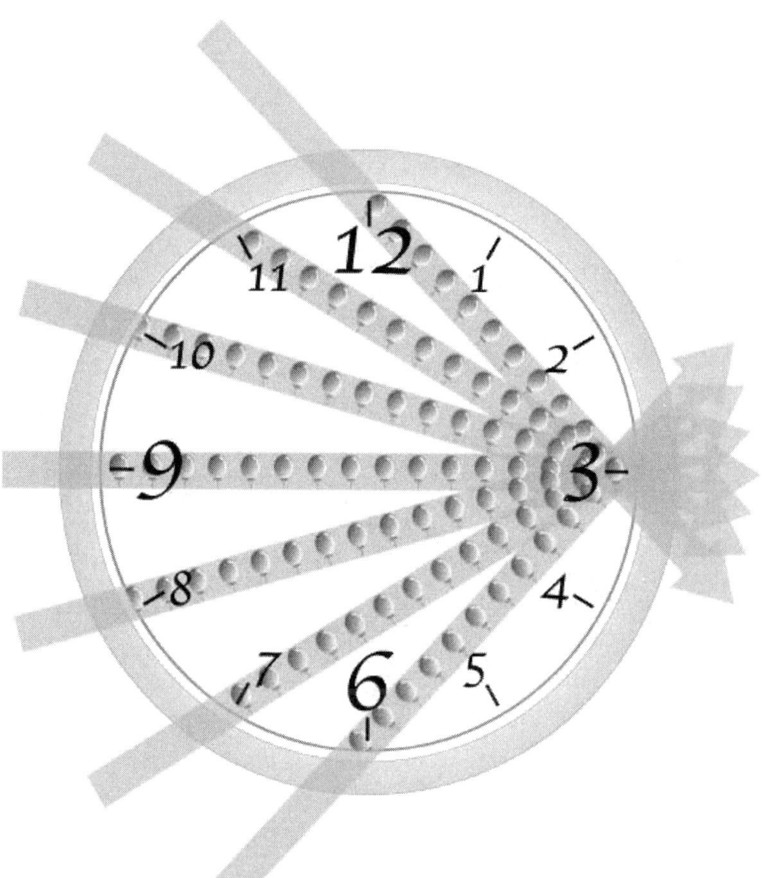

"쭉쭉빨자! 아이브레인!"

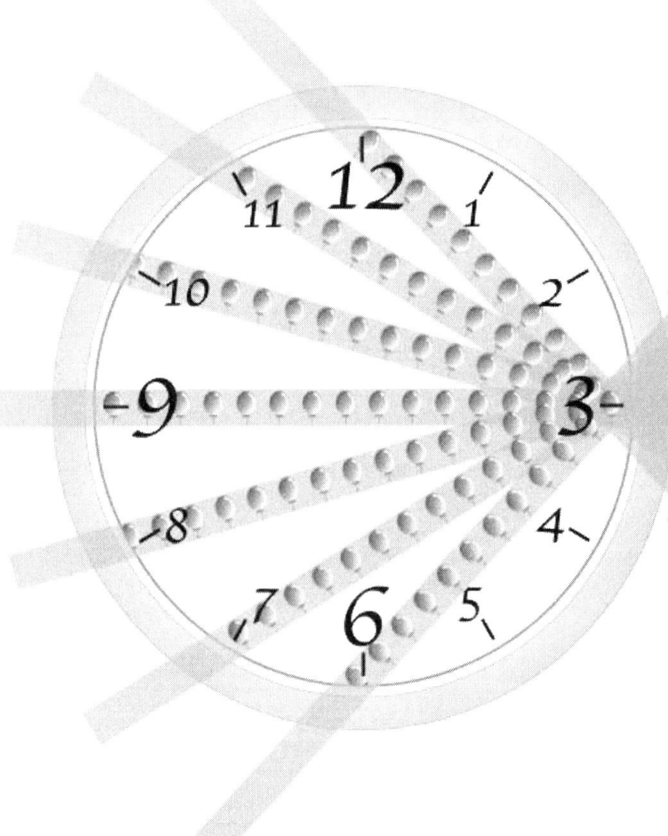

11 12 1
10 2
9 3
8 4
7 6 5

"쭉쭉빨자! 아이브레인!"

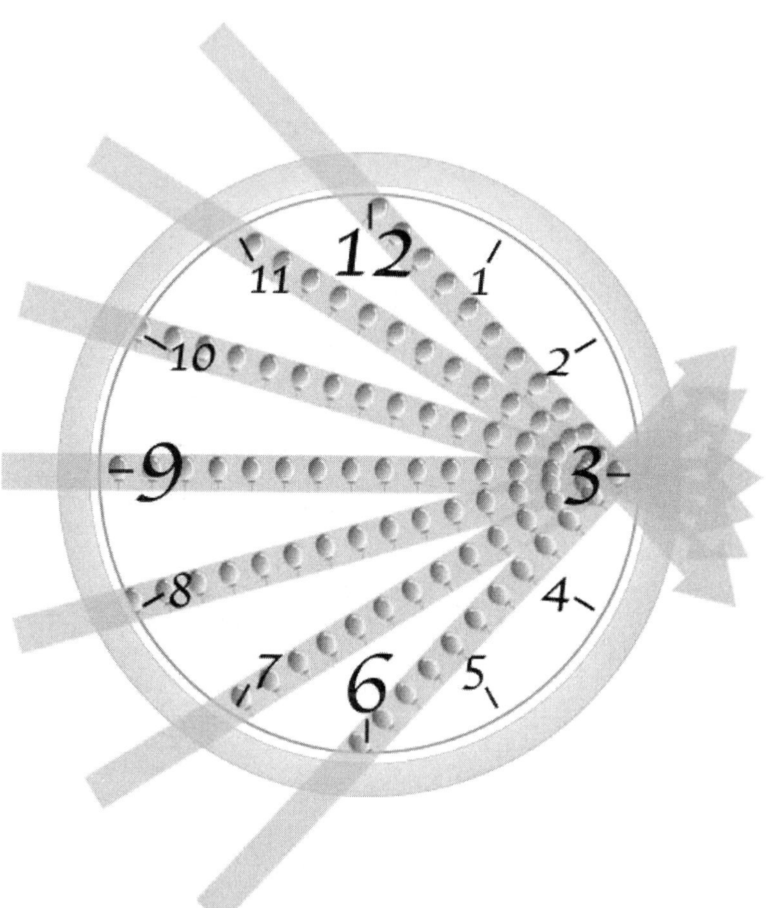

"쭉쭉빨자! 아이브레인!"

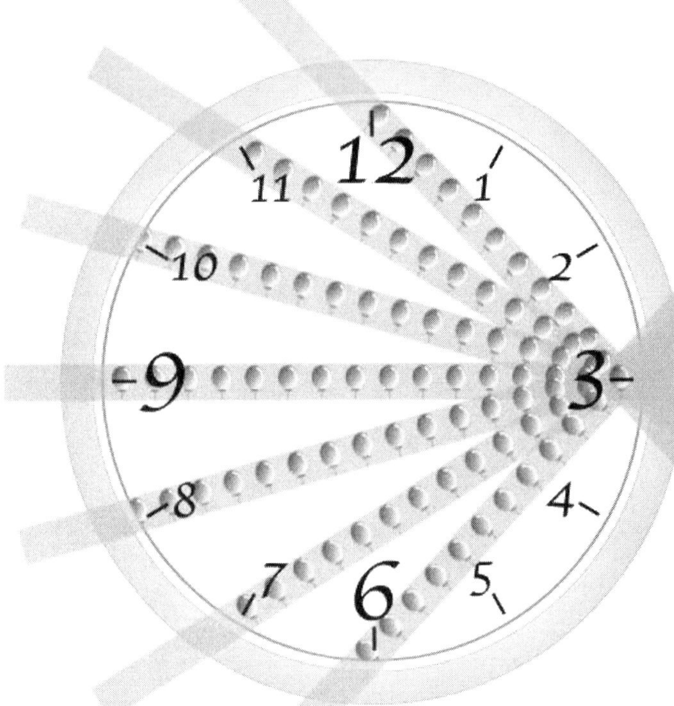

11
12
1
2
10
9
3
8
7
6
5
4

"쪽쪽빨자! 아이브레인!"

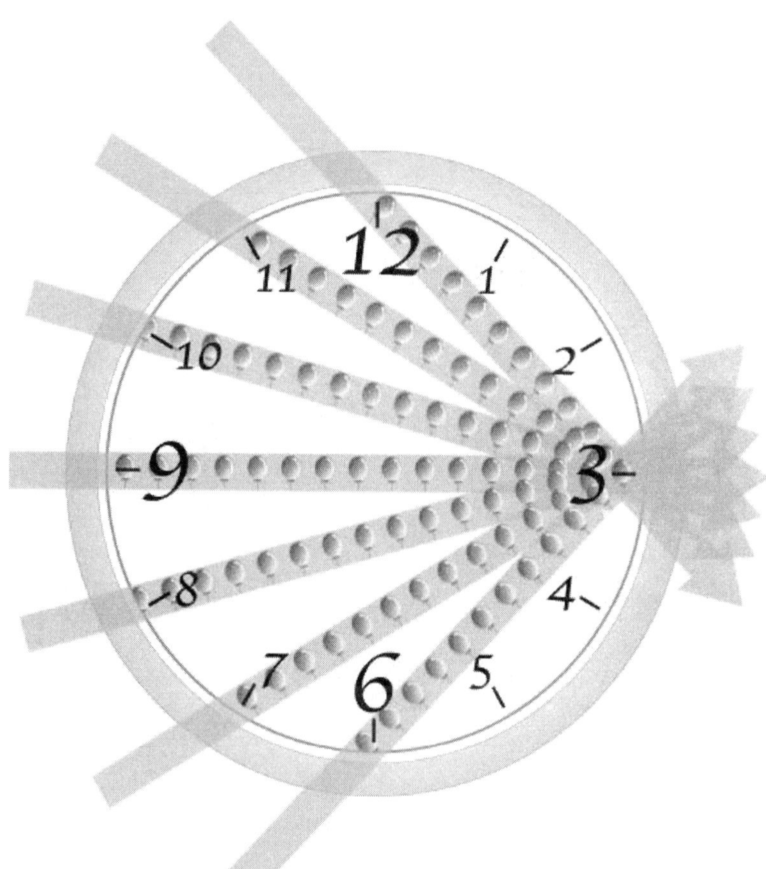

"쭉쭉빨자! 아이브레인!"

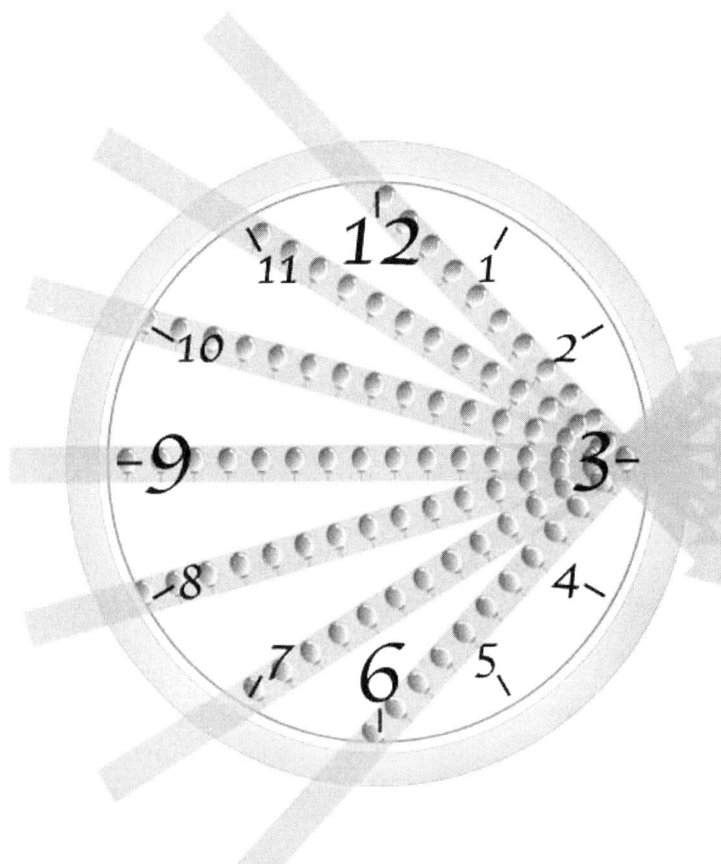

11
12
1
10
2
9
3
8
4
7
6
5

"쭉쭉빨자! 아이브레인!"

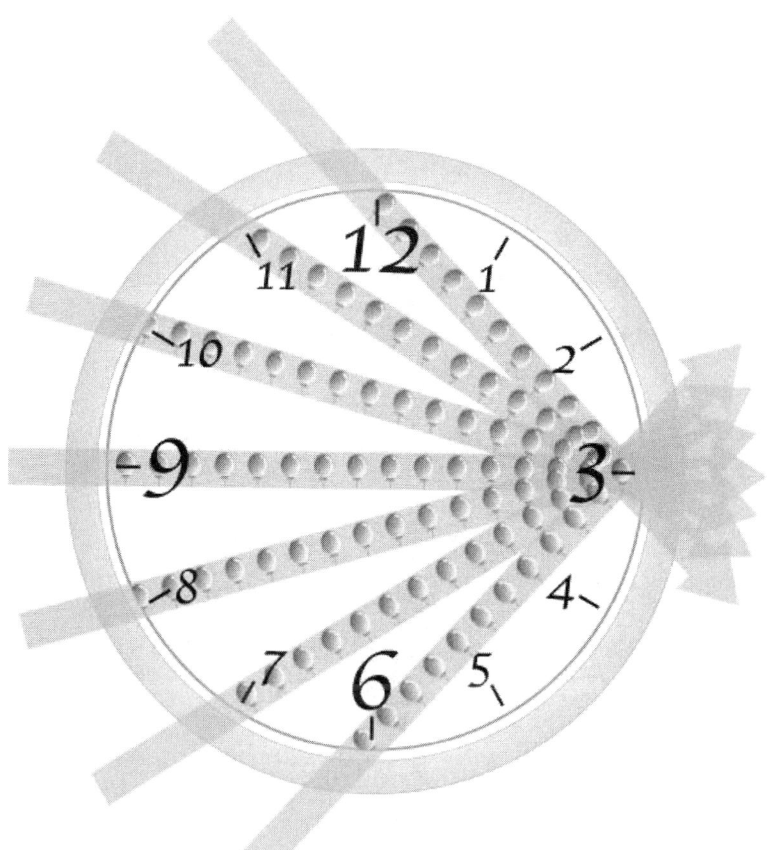

"쭉쭉빨자! 아이브레인!"

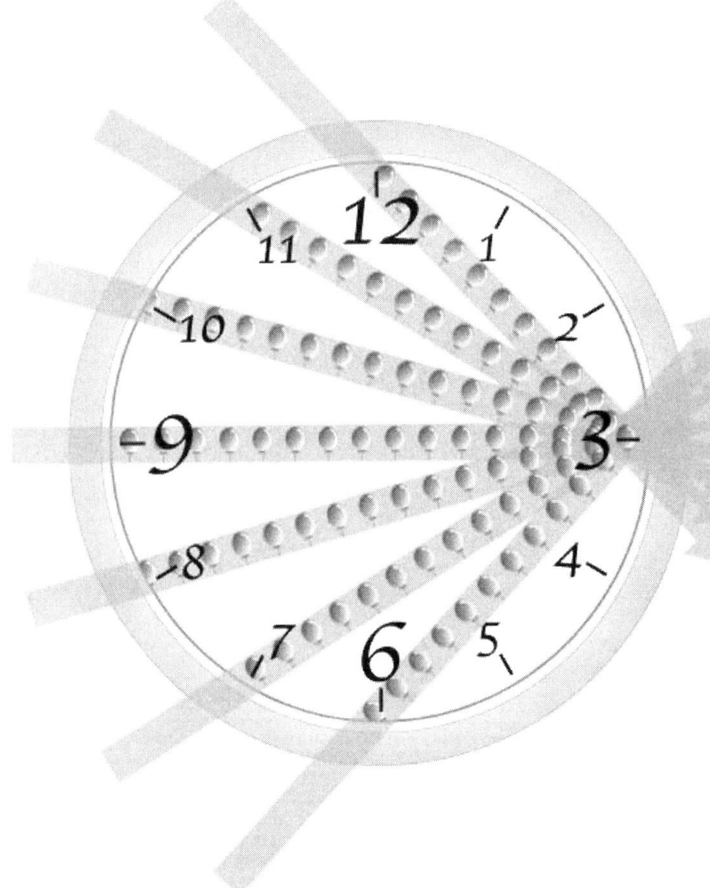

11 12 1
10 2
9 3
8 4
7 6 5
"쭉쭉빨자! 아이브레인!"

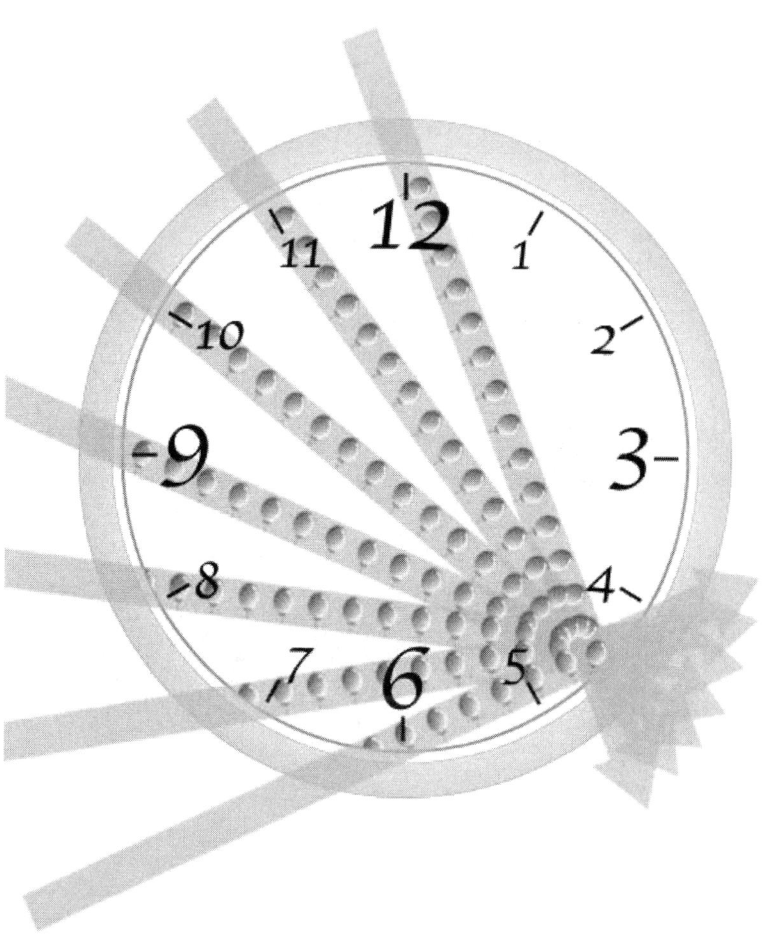

"빨주노초파남보! 쭉쭉빨지!"

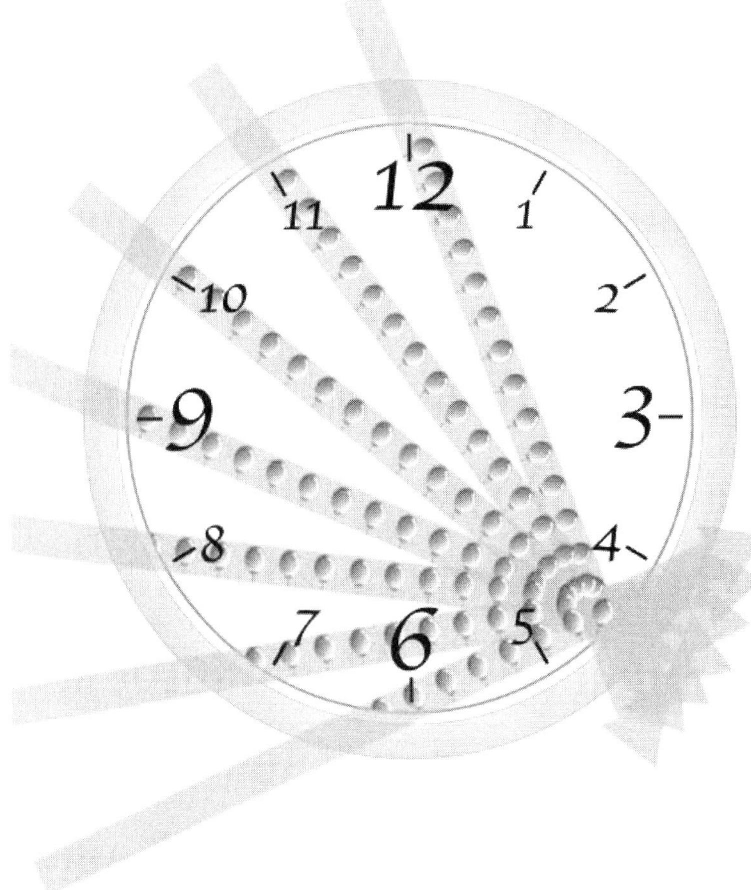

11 12 1
10 2
9 3
8 4
7 6 5
"빨주노초파남보! 쭉쭉빨자!"

"빨주노초파남보! 쭉쭉빨자!"

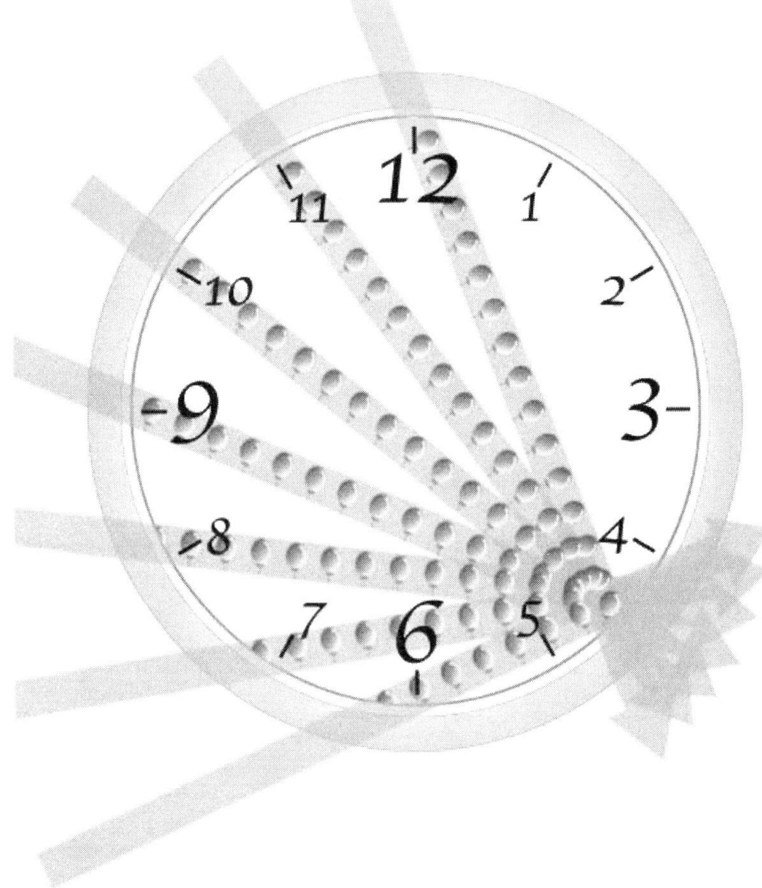

"빨주노초파남보! 쭉쭉빨자!"

"빨주노초파남보! 쭉쭉빨자!"

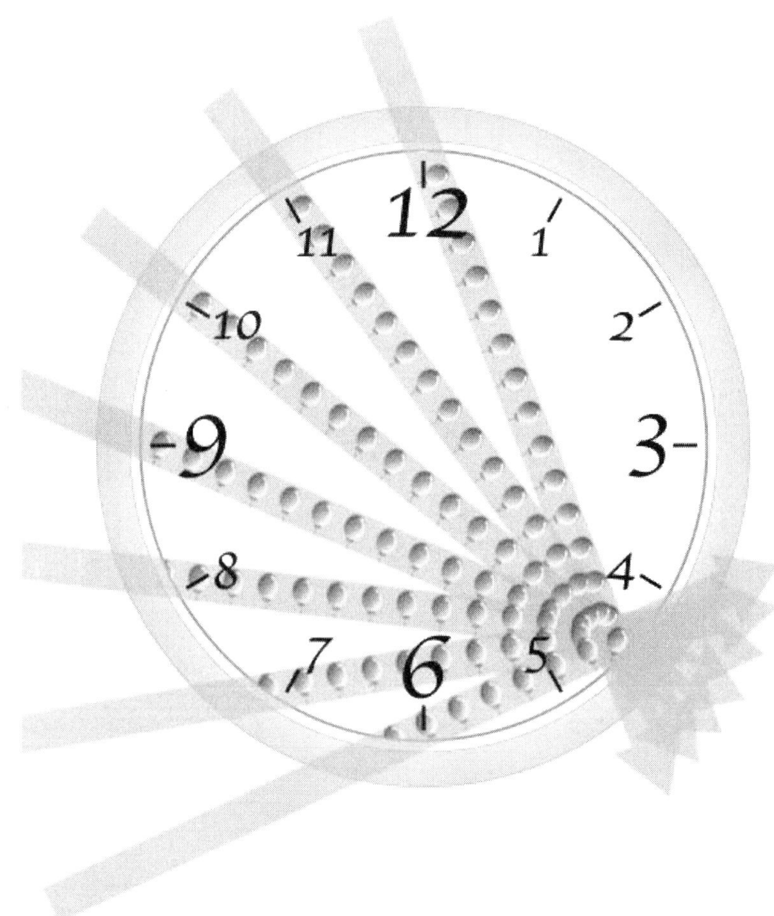

"빨주노초파남보! 쭉쭉빨지!"

11
12
1
10
2
9
3
8
4
7
6
5

"빨주노초파남보! 쭉쭉빨자!"

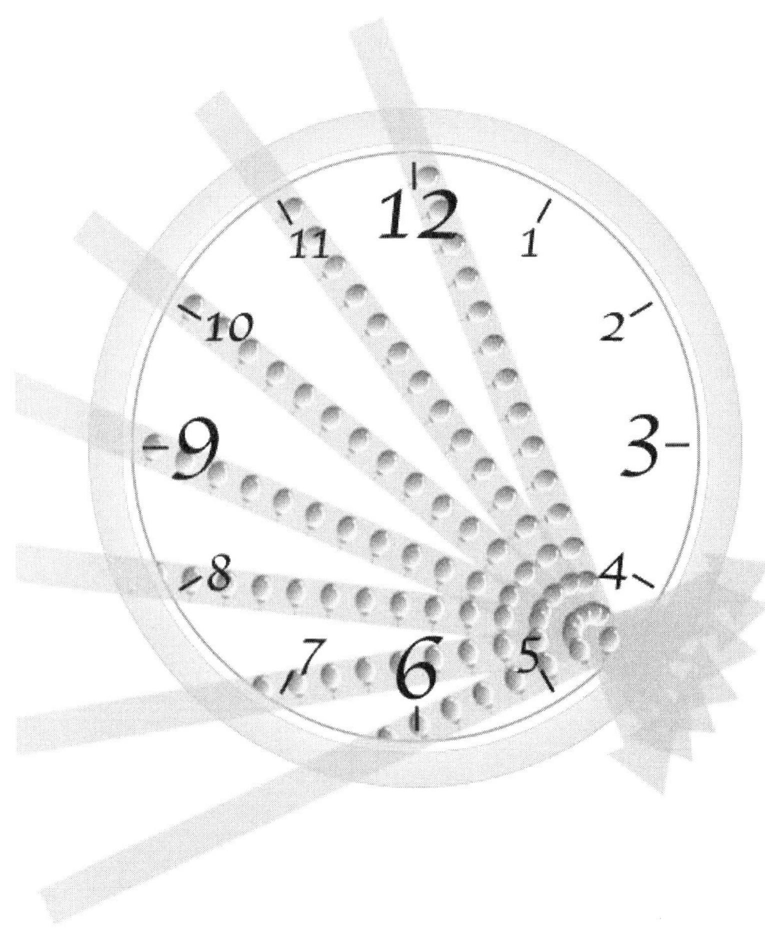
12
11
1
10
2
9
3
8
4
7
6
5

"빨주노초파남보! 쭉쭉빨자!"

"빨주노초파남보! 쭉쭉빨지!"

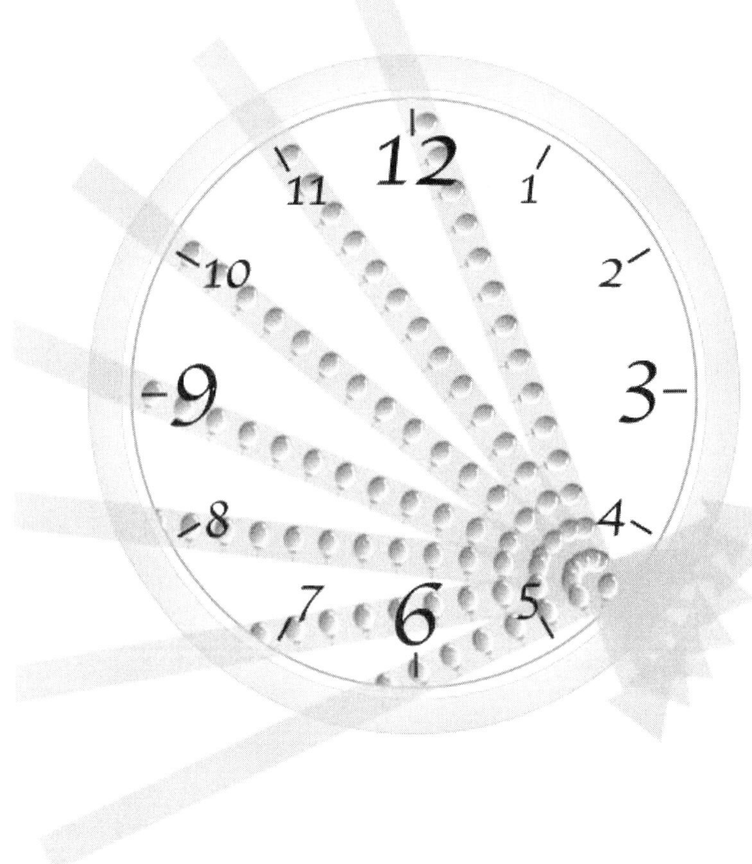

"빨주노초파남보! 쭉쭉빨자!"

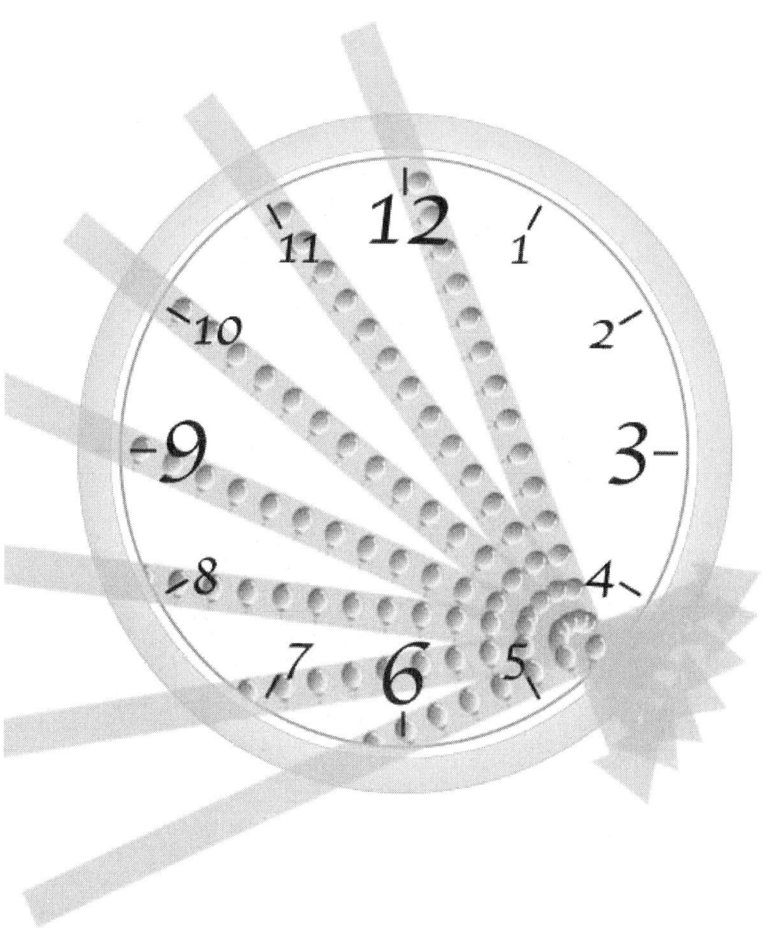

"빨주노초파남보! 쭉쭉빨자!"

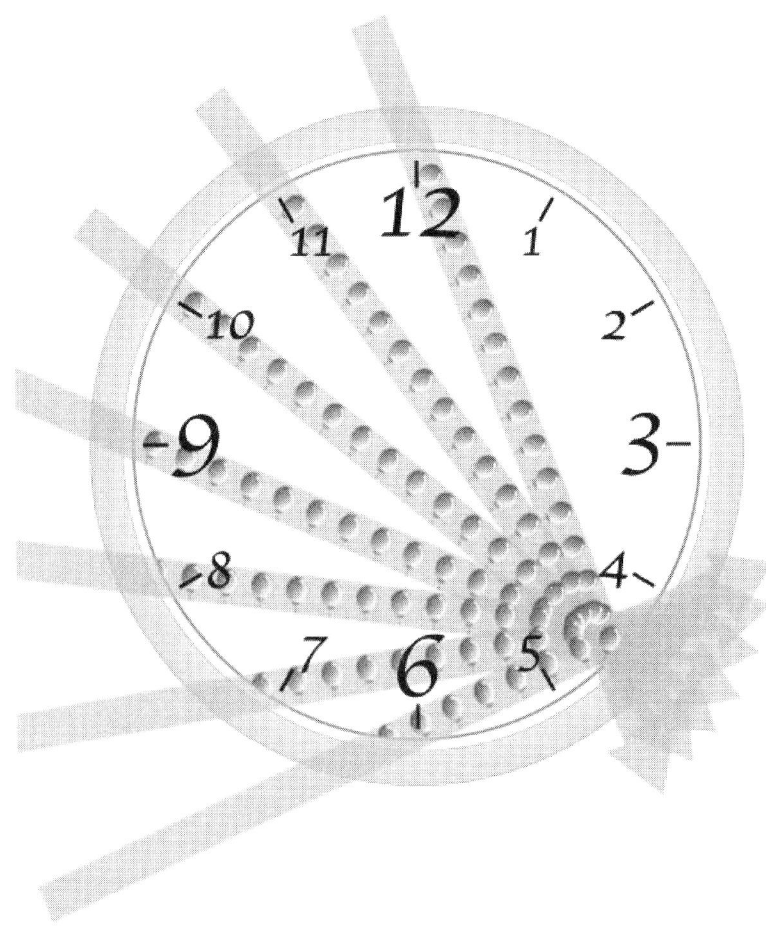

"빨주노초파남보! 쭉쭉빨간!"

11 12 1
10 2
9 3
8 4
7 6 5

"빨주노초파남보! 쭉쭉빨자!"

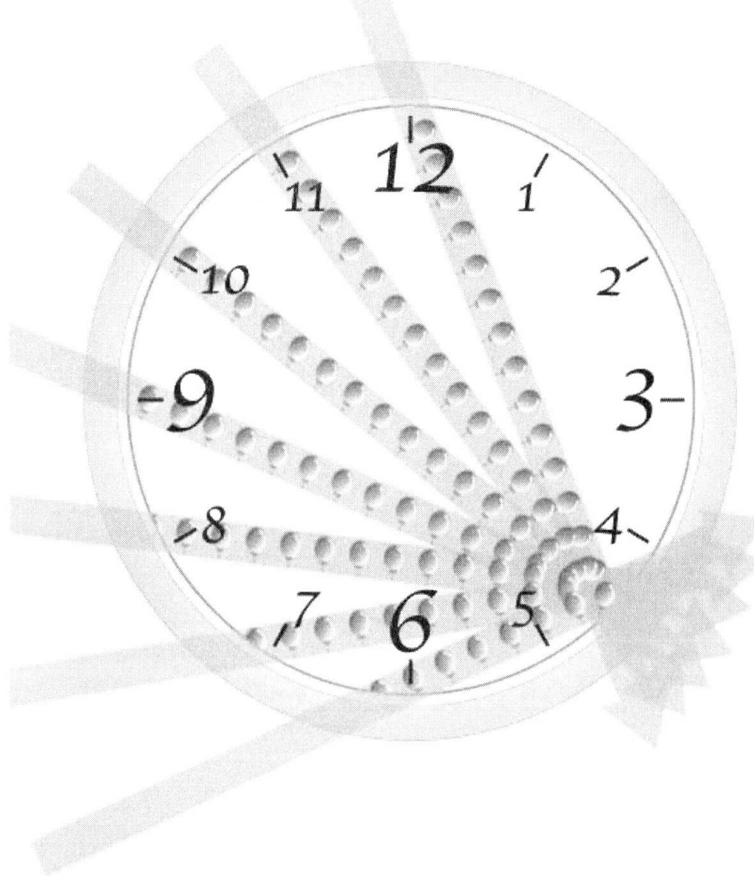

"빨주노초파남보! 쭉쭉빨자!"

"빨주노줄파남보! 쭉쭉빨자!"

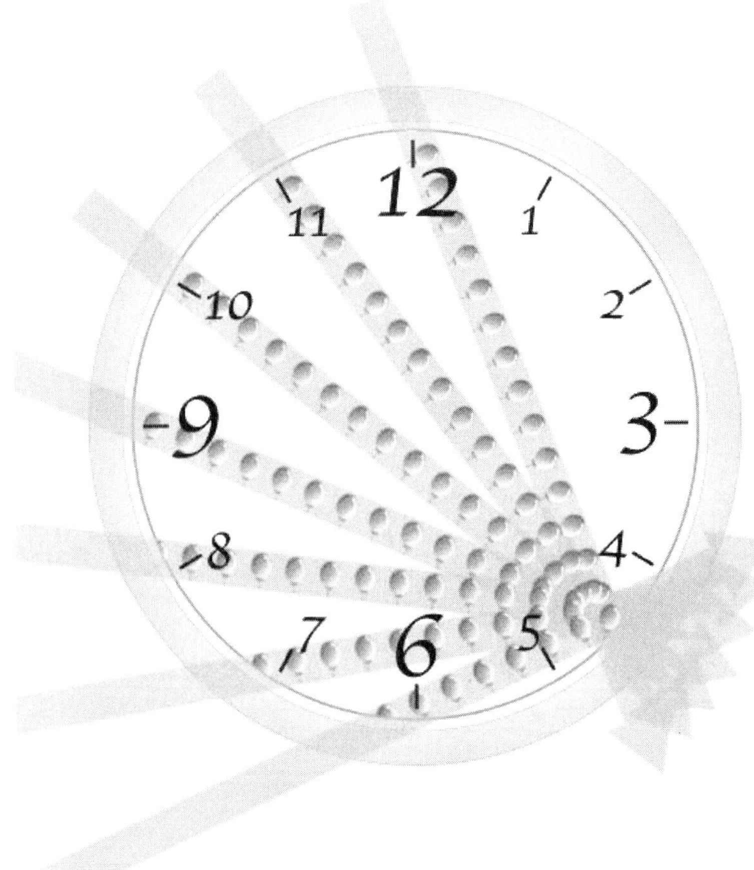

"빨주노초파남보! 쭉쭉빨자!"

11
12
1
2
3
4
5
6
7
8
9
10
"빨주노초파남보! 쭉쭉빨자!"

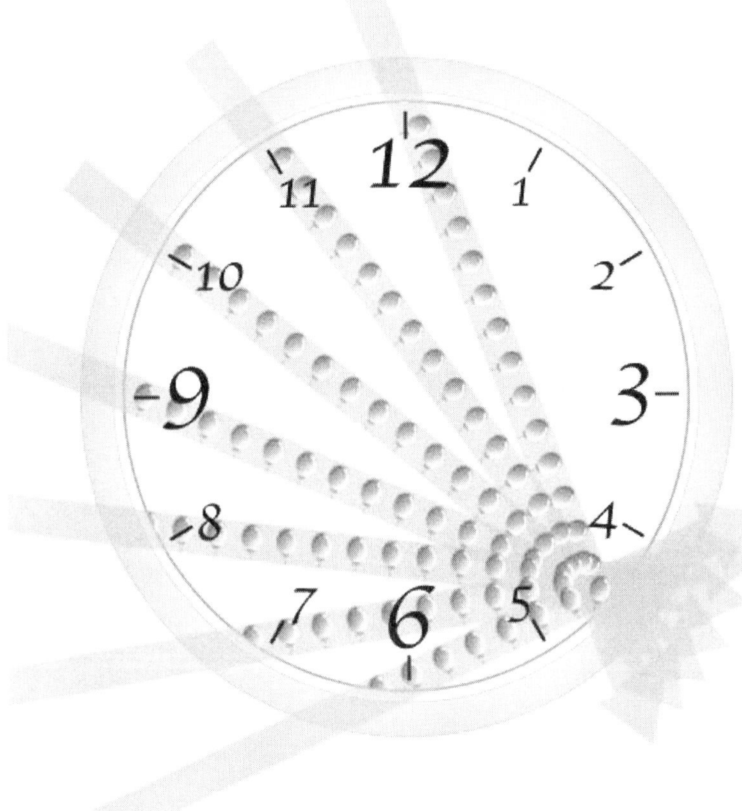

11 12 1
10 2
9 3
8 4
7 6 5

"빨주노초파남보! 쭉쭉빨자!"

"빨주노초파남보! 쪽쪽빨지!"

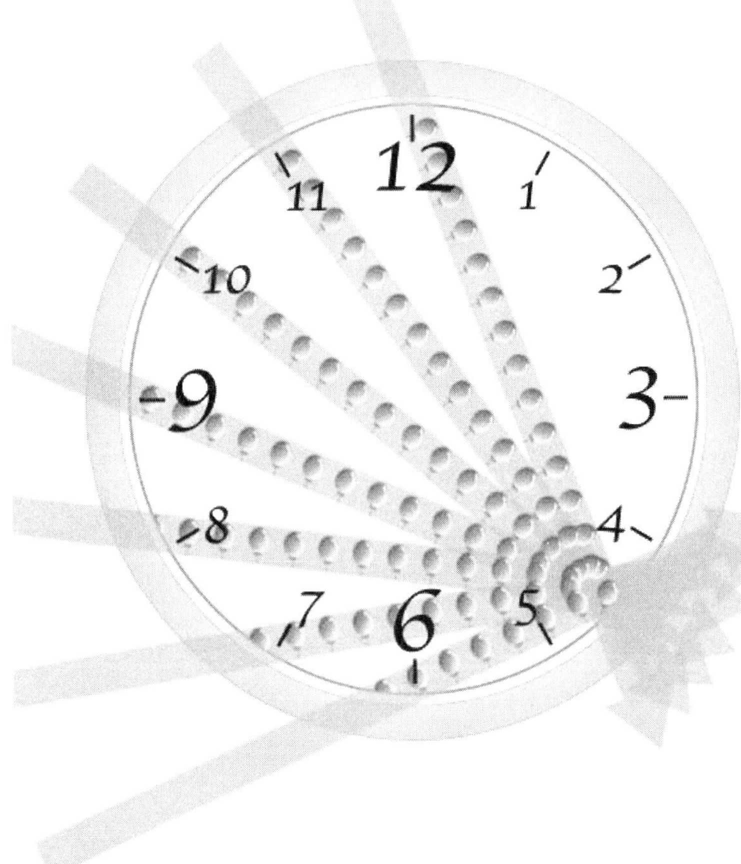
"빨주노초파남보! 쭉쭉빨자!"

12
11
1
10
2
9
3
8
4
7
6
5

11
12
1
10
2
9
3
8
4
7
6
5

4배속 音讀 기적의 파워리딩

인쇄일 초판 1쇄 2007년 05월 28일
      2쇄 2018년 04월 12일
발행일 초판 1쇄 2007년 05월 28일
      2쇄 2018년 04월 13일

지은이 이 채 완
발행인 정 진 이
발행처 새미
등록일 1994.03.10, 제17-271호

서울시 강동구 성내동 447-11 현영빌딩 2층
Tel : 442-4623~4 Fax : 442-4625
www.kookhak.co.kr
E-mail : kookhak2001@hanmail.net

ISBN 978-89-5628-275-6 *93400
가 격 18,000원

* 새미는 국학자료원의 자회사입니다.
*저자와의 협의 하에 인지는 생략합니다.